I0487003

PREVENCIÓN DE RIESGOS LABORALES: ORGANISMOS E INSTITUCIONES

Cómo abordar el estudio de los organismos e instituciones más significativas desde el nivel mundial, internacional, europeo, nacional y en particular al de la comunidad autónoma andaluza en materia de prevención de riesgos laborales.

Ana Padilla Fortes
Prevencionista. Técnico Superior P.R.L

Joaquín Gámez de la Hoz
Biólogo. Técnico de Salud Pública

1ª Edición

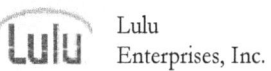 Lulu
Enterprises, Inc.

TÍTULO
Prevención de Riesgos Laborales: Organismos e Instituciones

Serie: *Científico-Técnica*

AUTORES
Ana Padilla Fortes
Joaquín J. Gámez de la Hoz

EDITA
© Lulu Enterprises, Inc.
3101 Hillsborough St. - Raleigh, North Carolina 27607 (USA)
Telephone: +1 919.447.3290
Email: pr@lulu.com
www.lulupresscenter.com

ISBN: 978-1-4478-1494-8
DEPÓSITO LEGAL: MA-1587-2011
Impreso en España / *Printed in Spain*

Reservados todos los derechos.
Queda prohibida, cualquier forma de reproducción, distribución, comunicación pública y transformación total ni parcial del contenido de este libro sin contar con la autorización expresa por escrito del titular de la propiedad intelectual: La infracción de los derechos mencionados puede ser constitutiva de delito contra la propiedad intelectual (arts. 270 y ss. Código Penal).

FICHA CATALOGRÁFICA
PADILLA FORTES, Ana. Prevención de Riesgos Laborales: Organismos e Instituciones/ [autores, Ana Padilla Fortes, Joaquín Gámez de la Hoz]. -1ª Ed. [Málaga], 2011 Nº pág: 156, ilustración (bn); (24 cm) ISBN: 978-1-4478-1494-8 Descriptores: Prevención. Salud Laboral. Salud Pública. Seguridad. Organismos. Salud Pública.

Dedicatoria

A los que creen en el esfuerzo como herramienta de cambio.

A mi familia ejemplo de superación.

Este libro es una obra unitaria no periódica que se compone de 156 páginas, sin incluir las de cubierta, contiene un índice, 11 capítulos y bibliografía, ajustada a la definición de libro propuesta por la UNESCO (1964) sobre recomendaciones para publicaciones.

Ana Padilla Fortes es Licenciada por la Universidad de Málaga. Experta en Dirección y Gestión de Servicios de Prevención y Salud Laboral. Trabaja como Prevencionista del Servicio Andaluz de Salud. Especialista en Seguridad en el Trabajo, Higiene Industrial, Ergonomía y Psicosociología aplicada. Es asesora del Comité de Seguridad y Salud del Complejo Hospitalario Carlos Haya y del Distrito Sanitario Málaga. Ha conseguido la acreditación de Unidades de Gestión Clínica por la Agencia de Calidad Sanitaria de Andalucía en indicadores de prevención de riesgos laborales. Tiene una amplia experiencia profesional en Salud Laboral y Seguridad en el Trabajo en la empresa privada. Ha sido docente en la Fundación Laboral de la Construcción y en el máster de técnico superior en prevención de riesgos laborales del Instituto Andaluz de Administración Pública.

Joaquín Gámez de la Hoz es Licenciado en Biología por la Universidad de Málaga. Trabaja como Experto en Sanidad Ambiental del Cuerpo Superior de Técnicos de Salud del Servicio Andaluz de Salud, donde ha sido miembro de la Comisión Consultiva de Gestión Ambiental. Durante más de 15 años ha estado comprometido en el desarrollo de programas de salud ambiental en la provincia de Málaga. Ha trabajado como coordinador de los servicios inspección sanitaria del Distrito Coin-Guadalhorce en Málaga. Ha sido asesor del Ministerio Fiscal en delitos contra la salud pública. Es autor de numerosos artículos en revistas científico-técnicas y ha participado en Congresos de la Sociedad Española de Sanidad Ambiental.

INDICE GENERAL

Capítulo 3- Organismos e Instituciones Europeas con competencias en materia de Prevención de Riesgos Laborales.

Capítulo 4- Estrategia Comunitaria de Seguridad y Salud en el Trabajo.

Capítulo 8- Organismos Autonómicos con competencias en materia de Prevención de Riesgos Laborales en Andalucía.

Capítulo 9- El Consejo Andaluz de Prevención de Riesgos Laborales: creación y funciones, composición, funcionamiento y disposiciones.

Capítulo 10- La Estrategia Andaluza de Seguridad y Salud en el Trabajo.

Capítulo 11- Instituto Andaluz de Prevención de Riesgos Laborales.

0- Introducción

Con este libro se pretende dar una visión clara y concreta de los organismos e instituciones más importantes en materia de prevención de riesgos laborales, que trabajan por la seguridad y salud laboral a nivel mundial, internacional, europeo, nacional y en el nivel autonómico en particular en la Comunidad andaluza.

La información de esta publicación sobre cada organismo e institución va a estar centrada en un conocimiento de cómo surge la institución u organismo, como están constituidas, que objetivos pretenden y las funciones y competencias de los mismos.

Se trata de contemplar la información básica y útil para saber a que organismo nos podemos dirigir cuando necesitamos una determinada información y será una guía para uso laboral como consulta y preparación para el opositor de técnico superior de prevención de riesgos laborales. Que de manera sencilla podrá obtener un conocimiento del trabajo y actividades en prevención de riesgos y salud en los niveles administrativos.

Capítulo 1- Organismos de las Naciones Unidas

Autores:

Ana Padilla Fortes

Joaquín J. Gámez de La Hoz

1.1. Organización Mundial de la Salud.

    1.1.1. ¿Cómo se crea?.

    1.1.2. ¿Qué es la Organización Mundial de la Salud?.

    1.1.3. ¿Cómo está constituida?.

    1.1.4. ¿Qué funciones tiene?.

Capítulo 1- Organismos de las Naciones Unidas

1.1. Organización Mundial de la Salud. (O.M.S.)

Ficha:

Organización Mundial de la Salud (O.M.S.)
Dirección: Avenue Appia 20.1211 Ginebra 27. Suiza
Teléfono: + 41 22 791 21 11
Correo electrónico: info@who.int
Página web: http://www.who.int/es/

1.1.1. ¿Cómo se crea?

En la reunión llevada a cabo en 1945 por los diplomáticos de los distintos países para la creación de las Naciones Unidas, uno de los temas abordados fue la posibilidad de establecer una organización mundial dedicada a la salud. Y el 7 de abril de 1948 se constituyo la O.M.S.

7 DE ABRIL DÍA MUNDIAL DE LA SALUD

Con motivo del Día Mundial de la Salud 2011, la OMS hará un llamamiento a la acción para detener la propagación de la resistencia a los antimicrobianos mediante la adopción por todos los países de seis medidas de política para luchar contra dicha resistencia

En junio de 1948, delegados procedentes de los 53 de los 55 Estados miembros originales de la O.M.S., celebraron la primera Asamblea Mundial de la Salud.

1.1.2. ¿Qué es la O.M.S.?

La O.M.S. es el organismo internacional del sistema de las naciones Unidas responsable de la salud y la autoridad directiva y coordinadora de la acción sanitaria en el sistema de las Naciones Unidas. Entre sus cometidos destaca fortalecer las políticas nacionales e internacionales de salud en el trabajo. Los expertos que forman parte de la O.M.S. elaboran directrices y normas sanitarias, y ayudan a los países a abordar las cuestiones de salud pública.

La O.M.S. apoya y promueve las investigaciones sanitarias y por mediación de ella, los gobiernos pueden afrontar conjuntamente los problemas sanitarios mundiales y mejorar el bienestar de las personas.

Proyectos, iniciativas, actividades e informes de la OMS sobre temas de salud.

Entre ellos: Género y Salud de la mujer

Salud Pública y medio ambiente

Campos electromagnéticos

1.1.3. ¿Cómo está constituida?

La O.M.S. está integrada por 192 estados miembros y dos miembros asociados, que se reúnen cada año en Ginebra en el marco de la Asamblea Mundial de la Salud con el fin de establecer la política general de la organización, aprobar su presupuesto y, cada 5 años, nombrar al Director General. Su labor esta respaldada por los 34 miembros del Consejo Ejecutivo, elegido por la Asamblea de la Salud. Seis comités regionales se centran en las cuestiones sanitarias de carácter regional.

La Constitución de la O.M.S. establece que el «goce del grado máximo de salud que se pueda lograr es uno de los derechos fundamentales de todo ser humano». la Organización trabaja para convertir ese objetivo en una realidad, y conseguir que la salud de las personas mejore en todo el mundo.

Para ello es importante conocer la definición que la O.M.S. hace de la salud:

«*La salud es un estado de completo bienestar físico, mental y social, y no solamente la ausencia de afecciones o enfermedades.*» La cita procede del Preámbulo de la Constitución de la Organización Mundial de la Salud, que fue adoptada por la Conferencia Sanitaria Internacional, celebrada en Nueva York del 19 de junio al 22 de julio de 1946, firmada el 22 de julio de 1946 por los representantes de 61 Estados (Official Records of the World Health Organization, N° 2, p. 100), y entró en vigor el 7 de abril de 1948. La definición no ha sido modificada desde 1948.

En 2009, la Institución fue galardonada con el Premio Príncipe de Asturias de Cooperación Internacional

1.1.4. ¿Qué funciones tiene?

Las funciones van a ser las siguientes:

- es la responsable de desempeñar una función de liderazgo en los asuntos sanitarios mundiales,
- la configuración de la agenda de las investigaciones en salud,
- establecer normas, articular opciones de políticas basadas en la evidencia,
- prestar apoyo técnico a los países,
- y vigilar las tendencias sanitarias mundiales.

Pero la O. M.S. va a dar cumplimiento a sus objetivos mediante las posteriores funciones básicas:

- ofrecer liderazgo en temas cruciales para la salud y participar en alianzas cuando se requieran actuaciones conjuntas,
- determinar las líneas de investigación y estimular la producción, difusión y aplicación de conocimientos valiosos,
- establecer normas y promover y seguir de cerca su aplicación en la práctica,
- formular opciones de política que aúnen principios éticos y de fundamento científico,
- prestar apoyo técnico, catalizar el cambio y crear capacidad institucional duradera,
- seguir de cerca la situación en materia de salud y determinar las tendencias sanitarias.

Estas funciones básicas se han descrito en el **Undécimo Programa General de Trabajo**, que proporciona el marco para el programa de trabajo, el presupuesto, los recursos y los resultados a nivel de toda la organización. Titulado "Contribuir a la salud", el programa abarca el periodo de diez años que va de 2006 a 2015.

Capítulo 2- Organismos e Instituciones Internacionales con competencias en materia de Prevención de Riesgos Laborales

Autores:

Ana Padilla Fortes

Joaquín J. Gámez de La Hoz

Capítulo 2- Organismos e instituciones internacionales con competencias en materia de prevención de riesgos laborales

2.1. Organización Internacional del Trabajo

Ficha:

> **Organización Internacional del Trabajo (O.I.T.)**
>
> Dirección:4, route des Morillons, CH-1211 Ginebra 22. Suiza
>
> Teléfono: +41(0) 227996111
>
> Correo electrónico:ilo@.org
>
> Página web:http://www.ilo.org/public/spanish/index.htm

2.1.1.¿Como se crea?

Fue fundada en 1919, como parte del Tratado de Versalles, convirtiéndose en la primera agencia especializada de la ONU en 1946 y la única agencia de carácter "tripartito" de las Naciones Unidas. Ya que cuenta con representantes de gobiernos, empleadores y trabajadores para la elaboración conjunta de políticas y programas.

Tiene establecida su sede en Ginebra desde 1920.

La Organización ganó el Premio Nobel de la Paz en su 50 aniversario en 1969

2.1.2. ¿Qué es la O.I.T.?

La O.I.T. es la única agencia de carácter "tripartito" de las Naciones Unidas, en ella recoge representantes de los gobiernos, empleadores y trabajadores.

Es la responsable mundial de la elaboración y supervisión de las Normas Internacionales del Trabajo. Va a elaborar normas laborales internacionales en la forma de Convenios y Recomendaciones estableciendo las condiciones mínimas de los derechos fundamentales en el trabajo.

FUNDAMENTAL

Los **Convenios** una vez han sido ratificados por un estado miembro concreto, son obligaciones destinadas a la creación de obligaciones de carácter internacional.

Las **Recomendaciones**, no generan ningún tipo de obligación internacional, estando orientadas a establecer pautas o directrices para el posterior desarrollo de la legislación laboral en los Estados miembros.

2.1.3. ¿Cuáles son sus objetivos?

La Organización Internacional del Trabajo tiene como objetivos principales:

- promover los derechos laborales,
- fomentar las oportunidades de empleo dignas,
- mejorar la protección social,
- fortalecer el diálogo sobre temas relacionados con el trabajo.

Hoy por hoy favorece la creación de trabajo decente, así como las condiciones laborales y económicas, que permitan a los trabajadores y a empleadores su participación en la paz duradera, la prosperidad y el progreso.

2.1.4. ¿Cómo lleva a cabo sus funciones?

Para el desempeño de sus funciones cuenta con los siguientes órganos permanentes:

- La Conferencia Internacional del Trabajo.
- El Consejo de Administración.
- La Oficina Internacional del Trabajo.

La Conferencia Internacional del Trabajo

En ella se establecen y adoptan normas internacionales del trabajo, es un foro donde se debaten temas sociales y laborales de relevancia. Se adopta el presupuesto de la organización y se elige el Consejo de Administración.

Participan en la Conferencia todos los estados miembros de la O.I.T., representados por dos delegados gubernamentales, uno de los empleadores y otro de los trabajadores.

Las reuniones se celebran anualmente en el mes de junio en Ginebra.

El Consejo de Administración

Es el órgano ejecutivo. En él se toman las decisiones sobre la política de la O.I.T., se establece el programa y el presupuesto que posteriormente se presenta en la Conferencia para su aprobación y se elige al Director General.

Está formado por 28 miembros gubernamentales, 14 empleadores y 14 trabajadores. Mientras que 10 puestos gubernamentales son ocupados permanentemente por los Estados más industrializados, el resto de representantes gubernamentales son elegidos cada tres años teniendo en cuenta la distribución geográfica. Los empleadores y trabajadores eligen sus representantes.

Las reuniones se llevan a cabo en Ginebra, tres veces en el año.

La Oficina Internacional del Trabajo

Tiene su sede en Ginebra y es la secretaría permanente de la Organización. Es responsable del conjunto de actividades de la OIT. Estas actividades las realiza bajo la supervisión del Consejo de administración y la dirección del Director General (elegido por periodos renovables de 5 años).

La Oficina va a contar con centro de investigación y documentación y tiene función editora, publicando estudios especializados, periódicos e informes.

NOTICIA

"Según el informe *"Tendencias mundiales del empleo en 2011"*, elaborado por la Organización Internacional del Trabajo (OIT), en 2010 había 205 millones de personas sin empleo en el mundo y, de ellas, 27,6 millones lo han perdido solo de 2007 a esta parte. Lo peor se lo han llevado los jóvenes de entre 15 y 24 años; el desempleo de este grupo de edad llega a los 77;7 millones. El mayor incremento se ha registrado en España –dice la OIT-, donde el desempleo de los jóvenes se ha duplicado pasando de menos del 20% en 2007 a superar el 40% actual. Teniendo en cuenta que la tasa de desempleo juvenil en el mundo se estableció en un 12,6% en 2010, la situación de nuestro país resulta dramática."

(Diario Sur. Domingo 06.03.2011)

2.2. Otros organismos internacionales competentes

2.1.2. Organización Panamericana de la Salud (OPS)

Organización Panamericana de la Salud (O.P.S.)

Dirección: 525 23rd Street NW. Washington, DC.

United States 20037.

Teléfono: (202)974-3000

Página web:

http://new.paho.org/hq/index.php?option=com_frontpage &Itemid=1

2.1.2.1 ¿Qué es la Organización Panamericana de la Salud (O.P.S.)?

Es un organismo internacional de salud pública con 100 años de experiencia, dedicados a mejorar la salud y las condiciones de vida de los pueblos de la Américas. Cuenta con reconocimiento internacional como parte del Sistema de las Naciones Unidas y actúa como Oficina Regional para las Américas de la Organización Mundial de la Salud. Dentro del Sistema Interamericano, es el organismo especializado en salud.

Capítulo 3- Organismos e Instituciones Europeas con competencias en materia de Prevención de Riesgos Laborales

Autores:

Ana Padilla Fortes

Joaquín J. Gámez de La Hoz

3.1. Agencia Europea para la Seguridad y Salud en el Trabajo.

    3.1.1. ¿Cómo se crea?.

    3.1.2. ¿Cuál es su misión?.

    3.1.3. ¿Cuáles son sus funciones?.

    3.1.4. ¿Cómo se organiza?.

    3.1.5. Sistema de información de prevención de riesgos laborales en el ámbito europeo:

        3.1.5.1. Observatorio Europeo de Riesgos.

            3.1.1.5.1. ¿Cómo se crea el Observatorio Europeo de riesgos?.

            3.1.1.5.2.¿Cuáles son sus objetivos?.

            3.1.1.5.3.¿Cómo consigue sus objetivos?.

            3.1.1.5.4.¿De que manera los lleva a cabo?.

            3.1.1.5.5.¿Cuáles son las fuentes de información?.

            3.1.1.5.6.¿Qué información generan?.

3.2. Fundación Europea para la Mejora de las Condiciones de Vida y Trabajo.

    3.2.1. ¿Qué es la Fundación para la Mejora de las Condiciones de Vida y Trabajo?.

    3.2.2. ¿Qué funciones tiene?.

    3.2.3. ¿Cómo se organiza?.

Capítulo 3- Organismos e instituciones europeas con competencias en materia de prevención de riesgos laborales

3.1. Agencia Europea para la Seguridad y Salud en el Trabajo.

Ficha:

Agencia Europea para la seguridad y Salud en el Trabajo
Dirección: Gran Vía, 33. E- 48009 Bilbao.
Teléfono: (+34) 944.794.360
Correo electrónico: information@osha.eu.int
Página web: http://osha.europa.eu/es/front-page/view

3.1.1. ¿Como se crea?

La Agencia Europea para la Seguridad y Salud en el Trabajo, fue creada por la Unión Europea en el año 1996, tiene su sede en Bilbao (España). Es una organización tripartita cooperando con los gobiernos, los empresarios y representante de los trabajadores. Siendo el principal punto de referencia para la seguridad y la salud en el trabajo ya que ha sido creada para servir a las necesidades de información, y es la administradora de la Red Europea de Seguridad y Salud en el Trabajo.

Reglamento (CE) n° 2062/94 del Consejo, de 18 de julio de 1994, por el que se crea la Agencia Europea para la Seguridad y la Salud en el Trabajo.

3.1.2. ¿Cuál es su misión?

La misión de la Agencia consiste en lograr unos lugares de trabajo más seguros, saludables y productivos en Europa, a través de las funciones que tiene encomendadas.

3.1.3. ¿Cuáles son sus funciones?

Su función principal es contribuir a la mejora de la vida laboral en la Unión Europea, esto lo lleva a cabo mediante:

- el trabajo con gobiernos, empresarios y trabajadores fomentando una cultura de prevención del riesgo,
- analizando las investigaciones científicas más recientes y estadísticas sobre los riesgos en el trabajo,
- anticipando riesgos nuevos y emergentes mediante un Observatorio Europeo de Riesgos,
- y buenas prácticas, información y asesoramiento a los interlocutores sociales, las federaciones de empresarios y los sindicatos.

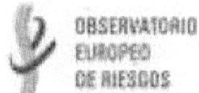

OBSERVATORIO
EUROPEO
DE RIESGOS

Observatorio Europeo de Riesgos

Su objetivo es detectar los riesgos nuevos y emergentes en materia de seguridad en el trabajo con el fin de aumentar la eficacia y la antelación de las medidas preventivas.

CAMPAÑAS PUBLICITARIAS

La semana europea de Seguridad y la Salud en el Trabajo.

Campaña Lugares de trabajo Saludables, centrada en un tema diferente cada dos años.

3.1.4. ¿Cómo se organiza?

La Agencia posee personalidad jurídica. Su estructura de gobierno y gestión consta de un:

- Director.
- Consejo de dirección.
- Grupos consultivos.
- La Mesa.
- Centros de referencia.
- Grupos de expertos.
- Centros temáticos.
- Personal.

Director

Es el representante legal de la agencia y el responsable de la gestión y la administración cotidiana de ésta. Entre sus responsabilidades se incluyen todas las cuestiones financieras, administrativas y de personal. Su mandato es por un periodo renovable de cinco años y su nombramiento corre a cargo del consejo de dirección, al que esta obligado a rendir cuentas.

Consejo de Dirección

Determina los objetivos y estrategias y define los asuntos prioritarios en los que son necesarios información o medidas adicionales. Nombra al Director y aprueba el plan de gestión anual, el programa de trabajo, el informe anual y el presupuesto.

Está formado por representantes de los gobiernos, los empresarios y los trabajadores de los Estados miembros de la UE, representantes de la Comisión europea y otros observadores.

La presidencia del consejo de dirección es rotatoria entre los tres grupos de interés con periodicidad anual.

Grupos consultivos

Los grupos consultivos incluyen el Observatorio de riesgos europeos de la agencia, la información sobre el entorno de trabajo y las actividades de la unidad de comunicación y promoción, nos proporcionan orientación estratégica e información sobre el trabajo.

La Mesa

Funciona como un grupo de orientación, supervisando la actividad de la Agencia, y se reúne cuatro veces al año, y esta integrada por once miembros del Consejo de Dirección.

Centros de referencia

Nuestra principal red de seguridad y salud está compuesta por centros de referencia situados en cada Estado miembro.

Grupos de expertos

Proporcionan asesoramiento en su campo de conocimiento especializado, entre estos campos esta el Observatorio Europeo de Riesgos. Son nombrados por los centros de referencia nacionales y los observadores que representan a los trabajadores, empresarios y a la Comisión.

Centros temáticos

Son grupos de instituciones nacionales dedicadas a la seguridad en el trabajo, cuya labor es recopilar y analizar la información nacional existente en la materia para así prestar apoyo a las áreas clave del programa de trabajo de la Agencia.

Finnish Institute of Occupational Health (FIOH)

Personal

Especialistas de toda Europa en materia de seguridad y salud en el trabajo, comunicación y administración pública.

3.1.5. Sistema de información de prevención de riesgos laborales en el ámbito europeo

En el ámbito europeo existen diferentes sistemas de información en los que se analizan el tema de la prevención de riesgos laborales en el marco de la Unión Europea; para profundizar en el estudio de la situación de la prevención de riesgos laborales en Europa, siendo uno de los principales sistemas de información, el Observatorio Europeo de Riesgos.

3.1.5.1. Observatorio Europeo de Riesgos

http://osha.europa.eu/es/riskobservatory/index_html

3.1.5.1.1. ¿Cómo se crea el observatorio europeo de riesgos?

Anticiparse a los riesgos nuevos y emergentes, ya sea los derivados de innovaciones técnicas, ya sea los asociados a la evolución social, es indispensable para garantizar su control, lo que exige, por encima de todo, una observación permanente de los propios riesgos sobre la base de una recogida sistemática de información y opiniones científicas.

En consecuencia, la Estrategia solicitó a la Agencia que creara un Observatorio Europeo de Riesgos (OER) encargado de ejecutar estas tareas. Siendo uno de los proyectos de la Agencia Europea para la Seguridad y Salud en el Trabajo que se inició en el año 2003. La actual **estrategia comunitaria de 2007-2012** insistió en la importancia de la anticipación de riesgos y pidió al Observatorio que emprendiera una serie de iniciativas nuevas.

Comunicación de la Comisión al Parlamento Europeo, al Consejo, al Comité Económico y Social Europeo y al Comité de las Regiones - Mejorar la calidad y productividad en el trabajo: estrategia comunitaria 2007-2012 sobre salud y seguridad en el trabajo {SEC (2007) 214} {SEC (2007) 215} {SEC (2007) 216}

Consistiendo entre otras que «aumente la anticipación de riesgos de modo que incluya los riesgos asociados con las nuevas tecnologías, los peligros biológicos, las interfaces complejas entre personas y máquinas, y las repercusiones de las tendencias demográficas». Así se respalda la iniciativa del Observatorio de poner en marcha **un proyecto de prospectiva** para desarrollar una serie de escenarios con los que explorar la repercusión de las innovaciones tecnológicas en la seguridad y la salud en el trabajo en el año 2020. El proyecto se centrará en los **«trabajos verdes»**, dado que el impulso de «hacer más verde» la economía brinda la oportunidad de anticipar posibles riesgos nuevos en estos trabajos en desarrollo y de garantizar que se aplican medidas eficaces para evitarlos. Los escenarios resultantes deberían ayudar a los responsables de la formulación de políticas a evaluar mejor qué decisiones deben tener en cuenta a fin de perfilar un futuro mejor para la Seguridad y Salud en el Trabajo.

Riesgos de seguridad y salud en el trabajo emergentes son cualquier riesgo nuevo que va en aumento

---

3.1.5.1.2. ¿Cuáles son sus objetivos?

El Observatorio Europeo de Riesgos, de la EU-OSHA tiene como objetivo principal detectar los riesgos nuevos y emergentes en materia de seguridad y salud y seguridad en el trabajo con el fin de aumentar la eficacia y la antelación de las medidas preventivas.

Pretende llamar la atención sobre **"riesgos nuevos y emergentes"**, definidos como aquellos nuevos riesgos que han aparecido a causa de cambios en el mundo del trabajo y las tecnologías, como por ejemplo los riesgos que pueden aparecer en el campo de la nanotecnología, o riesgos preexistentes que han alcanzado un mayor grado de reconocimiento social, como pueden ser los relacionados con el acoso laboral, o que afectan a un mayor número de trabajadores, por ejemplo los relacionados con horarios de trabajo irregulares.

Todo ello como hemos expuesto anteriormente con el propósito de establecer las acciones preventivas adecuadas.

- Proporcionar una visión general sobre la seguridad y salud en Europa.

- Identificar las tendencias y principales factores que influyen sobre la seguridad y salud a nivel europeo.

- Detectar factores de riesgo.

- Anticiparse a los cambios que tienen lugar en el trabajo y sus consecuencias para la seguridad y salud de los trabajadores.

- Reforzar la coordinación de las investigaciones en materia de seguridad y salud en el trabajo en el conjunto de la Unión Europea.

3.1.5.1.3 ¿Cómo consigue sus objetivos?

Para conseguir sus objetivos el observatorio ofrece una visión conjunta de la seguridad y la salud en el trabajo en Europa, describe las tendencias y los factores subyacentes, anticipa los cambios en el trabajo y su posible repercusión en la salud y la seguridad.

3.1.5.1.4. ¿De que manera lo lleva a cabo?

- Recoge y analiza información,

- la contextualiza (en particular, en relación con la agenda social europea y la estrategia comunitaria),

- estudia las tendencias para poder «anticipar el cambio»,

- y comunica los puntos esenciales de manera eficaz a nuestros destinatarios: responsables de la formulación de políticas e investigadores.

- estimulan el debate y la reflexión entre las partes interesadas de la EU-OSHA,

- constituyen una plataforma para el debate entre los responsables de la formulación de políticas a diversos niveles.

3.1.5.1.5. ¿Cuáles son las fuentes de información?

La información necesaria para identificar riesgos nuevos y emergentes puede proceder de diversas fuentes, como los **datos de los registros oficiales, las fuentes bibliográficas de investigación, las**

previsiones de expertos o los datos de encuestas. Para cubrir todas estas posibles fuentes de información sus actividades se organizan en torno a cuatro áreas principales: anticiparse a los riesgos nuevos y emergentes, encuestas europea en las empresas, la seguridad y salud en el trabajo en cifras, determinación y análisis de tendencias y fomento de la coordinación en las investigaciones sobre seguridad y salud en el trabajo en la Unión Europea.

3.1.5.1.6. ¿Qué información generan?

Recopilan, analizan y consolidan los datos contrastados estadísticos existentes a nivel nacional e internacional, tales como:

- Encuestas de población activa.
- Encuestas de condiciones de trabajo.
- Registro de accidentes.
- Registro de enfermedades profesionales.
- Registro de mortalidad.

Generan información más analítica, que facilite la identificación de riesgos nuevos y emergentes, a través de artículos de investigación o estudios realizados por distintas instituciones dedicadas a la investigación.

Realiza encuestas dirigidas a los expertos en cada uno de los campos con el fin de identificar riesgos emergentes (estudios Delphi) de los que se ha realizado el correspondiente a riesgos emergentes físicos, biológicos, químicos y psicosociales, a través de la publicación de cuatro informes. Estos informes han ido seguidos de numerosas revisiones bibliográficas y otros informes más pormenorizados destinados a explorar los principales riesgos identificados.

3.2. Fundación Europea para la Mejora de las Condiciones de Vida y Trabajo.

Ficha:

Fundación Europea para la Mejora de las Condiciones de Vida y Trabajo.

Dirección: Wyattville Road. Loughlinstown. Dublín 18. Ireland.

Teléfono: (+35) 312.043.100

Correo electrónico: postmaster@eurofound.eu.int

Página web:http://www.eurofound.eu.int/

3.2.1. ¿Qué es la Fundación Europea para la Mejora de las Condiciones de Vida y Trabajo?

La Fundación Europea para la Mejora de las Condiciones de Vida y de Trabajo es un organismo tripartito de la Unión Europea, tiene personalidad jurídica y su sede se encuentra en Irlanda (Dublín). Fue creado en 1975 para contribuir a la planificación y la creación de mejores condiciones de vida y de trabajo en Europa y de forma más específica:

- evaluar y analizar las condiciones de vida y de trabajo,
- elaborar dictámenes autorizados y asesorar a los responsables de la política social,
- contribuir a la mejora de la calidad de vida,
- informar de la evolución y las tendencias en este ámbito, en particular de los factores de cambio.

3.2.2. ¿Qué funciones tiene?

La misión que tiene es contribuir al establecimiento de mejoras de las condiciones de vida y de trabajo, mediante medidas tendentes a desarrollar y difundir los conocimientos adecuados para hacerlo posible. Para llevarlo a cabo la Fundación tiene presente las políticas comunitarias en estos sectores y colabora con las instituciones en lo que respecta a los objetivos y las directrices que pueden adoptarse, poniendo en su conocimiento, en particular, datos científicos y técnicos.

La Fundación en cuanto a las mejoras del medio de vida y de las condiciones de trabajo se encarga de:

- las condiciones de trabajo,
- la organización del trabajo y, en especial, las características de los puestos de trabajo,
- los problemas específicos de determinadas categorías de trabajadores,
- los aspectos de mejora del medio ambiente a largo plazo,
- la distribución espacial de las actividades humanas y su distribución en el tiempo.

Se estimula el intercambio de información y experiencias favoreciendo los contactos entre las universidades, las administraciones y organizaciones encargadas de la vida económica y social, se fomenta las acciones concertadas, organiza actividades de formación, conferencias, seminarios y toma parte en estudios.

La Fundación colabora lo más estrechamente posible con los institutos, fundaciones y organismos especializados nacionales e internacionales. Garantiza en particular una cooperación apropiada con la Agencia Europea para la Seguridad y la Salud en el Trabajo.

3.2.3. ¿Cómo se organiza?

Esta formada por:

- Consejo de dirección.
- La Mesa.
- Director y Director adjunto.

El Consejo de dirección

Se encarga de la gestión de la Fundación y establece sus directrices. Sobre la base del proyecto que le presenta el director, el consejo de dirección adopta el programa cuatrienal y el programa de trabajo anual de acuerdo con la Comisión.

Su composición ha variado dependiendo de los estados miembros* que lo formen, correspondiendo a uno en representación de los gobiernos de los Estados en representación de las organizaciones de empresarios, a uno en miembros en representación de las organizaciones de trabajadores y tres miembros en representación de la Comisión. Su mandato es de tres años y renovable.

(*) Actualmente hay 27 Estados miembros, por lo que la composición es mayor (84 miembros).

La Mesa

Supervisa la aplicación de las decisiones del consejo de dirección y toma todas las medidas necesarias para la adecuada gestión de la Fundación entre reuniones del consejo de dirección.

Sobre la base de la propuesta del director, el consejo de dirección tiene la posibilidad de seleccionar expertos independientes y recabar su dictamen sobre cuestiones específicas relacionadas con el programa cuatrienal y con el programa de trabajo anual.

Está integrada por once miembros, compuesta por el presidente y los tres vicepresidentes del consejo de dirección, un coordinador por cada uno de los grupos de representantes (empresarios, trabajadores y gubernamentales), otro representante de cada uno de estos tres grupos y un representante de la Comisión.

El Director

Dirige la fundación y ejecuta las decisiones adoptadas por el consejo de dirección. Es designado por la Comisión para ejercer el cargo por una duración máxima de cinco años. Su mandato es renovable. El director prepara un programa de trabajo anual antes del 1 de julio de cada año, acompañado por una estimación de los gastos necesarios.

Capítulo 4 Estrategia Comunitaria de Seguridad y Salud en el Trabajo.

Autores:

Ana Padilla Fortes

Joaquín J. Gámez de La Hoz

4.1. ¿Qué se pretende con la Estrategia?.

4.2. ¿Cuáles son sus objetivos?.

Capítulo 4- Estrategia Comunitaria de Salud y Seguridad en el Trabajo.

La Estrategia Comunitaria vigente corresponde a la Comunicación de la Comisión al Parlamento Europeo, al Consejo, al Comité Económico y Social Europeo y al Comité de las Regiones, de 21 de febrero de 2007, «Mejorar la calidad y la productividad en el trabajo: estrategia comunitaria de salud y seguridad en el trabajo (2007-2012)» [COM (2007) 62 final -

4.1. ¿Qué se pretende con la Estrategia?

Mediante la estrategia, la Comisión pretende animar a todas las partes interesadas a que actúen conjuntamente para reducir el elevado precio que suponen los accidentes de trabajo y las enfermedades profesionales; asimismo, pretende lograr que el bienestar en el trabajo llegue a ser una realidad concreta para los ciudadanos europeos, dando así un claro paso hacia delante en la aplicación de la Agenda para los Ciudadanos adoptada el 10 de mayo de 2005. La salud y la seguridad en el trabajo son en la actualidad uno de los aspectos más importantes y desarrollados de la política de la UE relativa al empleo y a los asuntos sociales. La adopción y la aplicación concreta, en los últimos decenios, de un amplio corpus de textos legislativos comunitarios han permitido mejorar las condiciones laborales en los Estados miembros de la Unión Europea y lograr progresos considerables en la reducción de los accidentes y las enfermedades relacionados con el trabajo.

4.2. ¿Cuales son sus objetivos?

El principal objetivo de la Estrategia Comunitaria para el período 2007-2012 sigue siendo una reducción continua, duradera y homogénea de los accidentes laborales y de las enfermedades profesionales. La Comisión considera que el objetivo global durante ese período debería ser reducir en un 25 %, para 100 000 trabajadores, la incidencia de los accidentes de trabajo en la UE-27.

Para alcanzar ese ambicioso reto, se proponen los siguientes objetivos principales:

- garantizar la correcta aplicación de la legislación de la U.E.,

- apoyar a las PYME en la aplicación de la legislación vigente,

- adaptar el marco jurídico a la evolución del mundo del trabajo y simplificarlo, teniendo muy presentes a las PYME,

- fomentar el desarrollo y la puesta en práctica de las estrategias nacionales;

- fomentar los cambios de comportamiento entre los trabajadores y animar a los empresarios a que adopten enfoques que favorezcan a la salud,

- elaborar métodos para la identificación y evaluación de nuevos riesgos potenciales,

- mejorar el seguimiento de los progresos alcanzados,

- promover la salud y la seguridad a escala internacional.

Capítulo 5 - Ley de Prevención de Riesgos Laborales.

Autores:

Ana Padilla Fortes

Joaquín J. Gámez de La Hoz

5.1. Exposición de motivos.

5.2. Capítulo II. Política en materia de prevención de riesgos para proteger la seguridad y la salud en el trabajo.

Capítulo 5- Ley 31/1995, de 8 de noviembre, de Prevención de Riesgos Laborales.

5.1. Exposición de motivos

En la exposición de motivos de la **Ley 31/1995, de 8 de noviembre, de Prevención de Riesgos Laborales,** nos hace mención como el artículo 40.2 de la Constitución Española "encomienda a los poderes públicos, como uno de los principios rectores de la política social y económica, velar por la seguridad e higiene en el trabajo." Por lo que conlleva la necesidad de desarrollar una política de protección de la salud de los trabajadores mediante la prevención de los riesgos derivados de su trabajo y encuentra en la presente Ley su pilar fundamental. En la misma se configura el marco general en el que habrán de desarrollarse las distintas acciones preventivas, en coherencia con las decisiones de la Unión Europea que ha expresado su ambición de mejorar progresivamente las condiciones de trabajo y de conseguir este objetivo de progreso con una armonización paulatina de esas condiciones en los diferentes países europeos.

De la presencia de España en la Unión Europea se deriva, por consiguiente, la necesidad de armonizar nuestra política con la naciente política comunitaria en esta materia, preocupada, cada vez en mayor medida, por el estudio y tratamiento de la prevención de los riesgos derivados del trabajo. Buena prueba de ello fue la modificación del Tratado constitutivo de la Comunidad Económica Europea por la llamada Acta Única, a tenor de cuyo artículo 118 A) los Estados miembros vienen, desde su entrada en vigor, promoviendo la mejora del medio de trabajo para conseguir el objetivo antes citado de armonización en el progreso de las condiciones de seguridad y salud de los trabajadores. Este objetivo se ha visto reforzado en el Tratado de la Unión Europea mediante el procedimiento que en el mismo se contempla para la adopción, a través de Directivas, de disposiciones mínimas que habrán de aplicarse progresivamente.

Consecuencia de todo ello ha sido la creación de un acervo jurídico europeo sobre protección de la salud de los trabajadores en el trabajo. De las Directivas que lo configuran, la más significativa es, sin duda, la 89/391/CEE, relativa a la aplicación de las medidas para promover la mejora de la seguridad y de la salud de los trabajadores en el trabajo, que contiene el marco jurídico general en el que opera la política de prevención comunitaria.

La presente Ley transpone al Derecho español la citada Directiva, al tiempo que incorpora al que será nuestro cuerpo básico en esta materia disposiciones de otras Directivas cuya materia exige o aconseja la transposición en una norma de rango legal, como son las Directivas 92/85/CEE, 94/33/CEE y 91/383/CEE, relativas a la protección de la maternidad y de los jóvenes y al tratamiento de las relaciones de trabajo temporales, de duración determinada y en empresas de trabajo temporal.

Así pues, el mandato constitucional contenido en el artículo 40.2 de nuestra ley de leyes y la comunidad jurídica establecida por la Unión Europea en esta materia configuran el soporte básico en que se asienta la presente Ley. Junto a ello, nuestros propios compromisos contraídos con la Organización Internacional del Trabajo a partir de la ratificación del Convenio 155, sobre seguridad y salud de los trabajadores y medio ambiente de trabajo, enriquecen el contenido del texto legal al incorporar sus prescripciones y darles el rango legal adecuado dentro de nuestro sistema jurídico.

Pero no es sólo del mandato constitucional y de los compromisos internacionales del Estado español de donde se deriva la exigencia de un nuevo enfoque normativo. Dimana también, en el orden interno, de una doble necesidad: la de poner término, en primer lugar, a la falta de una visión unitaria en la política de prevención de riesgos laborales propia de la dispersión de la normativa vigente, fruto de la acumulación en el tiempo de normas de muy diverso rango y orientación, muchas de ellas anteriores a la propia Constitución española; y, en segundo lugar, la de actualizar regulaciones ya desfasadas y regular situaciones nuevas no contempladas con anterioridad.

Necesidades éstas que, si siempre revisten importancia, adquieren especial trascendencia cuando se relacionan con la protección de la seguridad y la salud de los trabajadores en el trabajo, la evolución de cuyas condiciones demanda la permanente actualización de la normativa y su adaptación a las profundas transformaciones experimentadas.

Por todo ello, la presente Ley tiene por objeto la determinación del cuerpo básico de garantías y responsabilidades preciso para establecer un adecuado nivel de protección de la salud de los trabajadores frente a los riesgos derivados de las condiciones de trabajo, y ello en el marco de una política coherente, coordinada y eficaz de prevención de los riesgos laborales.

A partir del reconocimiento del derecho de los trabajadores en el ámbito laboral a la protección de su salud e integridad, la Ley establece las diversas obligaciones que, en el ámbito indicado, garantizarán este derecho, así como las actuaciones de las Administraciones públicas que puedan incidir positivamente en la consecución de dicho objetivo.

Al insertarse esta Ley en el ámbito específico de las relaciones laborales, se configura como una referencia legal mínima en un doble sentido: el primero, como Ley que establece un marco legal a partir del cual las normas reglamentarias irán fijando y concretando los aspectos más técnicos de las medidas preventivas; y, el segundo, como soporte básico a partir del cual la negociación colectiva podrá desarrollar su función específica. En este aspecto, la Ley y sus normas reglamentarias constituyen legislación laboral, conforme al artículo 149.1.7 de la Constitución.

Pero, al mismo tiempo -y en ello radica una de las principales novedades de la Ley-, esta norma se aplicará también en el ámbito de las Administraciones públicas, razón por la cual la Ley no solamente posee el carácter de legislación laboral sino que constituye, en sus aspectos fundamentales, norma básica del régimen estatutario de los funcionarios públicos, dictada al amparo de lo dispuesto en el artículo 149.1.18 de la Constitución. Con ello se confirma también la vocación de universalidad de la Ley, en cuanto dirigida a abordar, de manera global y coherente, el conjunto de los problemas derivados de los riesgos relacionados con el trabajo, cualquiera que sea el ámbito en el que el trabajo se preste.

En consecuencia, el ámbito de aplicación de la Ley incluye tanto a los trabajadores vinculados por una relación laboral en sentido estricto, como al personal civil con relación de carácter administrativo o estatutario al servicio de las Administraciones públicas, así como a los socios trabajadores o de trabajo de los distintos tipos de cooperativas, sin más exclusiones que las correspondientes, en el ámbito de la función pública, a determinadas actividades de policía, seguridad, resguardo aduanero, peritaje forense y protección civil cuyas particularidades impidan la aplicación de la Ley, la cual inspirará, no obstante, la normativa específica que se dicte para salvaguardar la seguridad y la salud de los trabajadores en dichas actividades; en sentido similar, la Ley prevé su adaptación a las características propias de los centros y establecimientos militares y de los establecimientos penitenciarios.

La política en materia de prevención de riesgos laborales, en cuanto conjunto de actuaciones de los poderes públicos dirigidas a la promoción de la mejora de las condiciones de trabajo para elevar el nivel de protección de la salud y la seguridad de los trabajadores, se articula en la Ley en base a los principios de eficacia, coordinación y participación, ordenando tanto la actuación de las diversas Administraciones públicas con competencias en materia preventiva, como la necesaria participación en dicha actuación de empresarios y trabajadores, a través de sus organizaciones representativas. En este contexto, la Comisión Nacional de Seguridad y Salud en el Trabajo que se crea se configura como un instrumento privilegiado de participación en la formulación y desarrollo de la política en materia preventiva.

Pero tratándose de una Ley que persigue ante todo la prevención, su articulación no puede descansar exclusivamente en la ordenación de las obligaciones y responsabilidades de los actores directamente relacionados con el hecho laboral. El propósito de fomentar una auténtica cultura preventiva, mediante la promoción de la mejora de la educación en dicha materia en todos los niveles educativos, involucra a la sociedad en su conjunto y constituye uno de los objetivos básicos y de efectos quizás más transcendentes para el futuro de los perseguidos por la presente Ley.

La protección del trabajador frente a los riesgos laborales exige una actuación en la empresa que desborda el mero cumplimiento formal de un conjunto predeterminado, más o menos amplio, de deberes y obligaciones empresariales y, más aún, la simple corrección a posteriori de situaciones de riesgo ya manifestadas. La planificación de la prevención desde el momento mismo del diseño del proyecto empresarial, la evaluación inicial de los riesgos inherentes al trabajo y su actualización periódica a medida que se alteren las circunstancias, la ordenación de un conjunto coherente y globalizador de medidas de acción preventiva adecuadas a la naturaleza de los riesgos detectados y el control de la efectividad de dichas medidas constituyen los elementos básicos del nuevo enfoque en la prevención de riesgos laborales que la Ley plantea. Y, junto a ello, claro está, la información y la formación de los trabajadores dirigidas a un mejor conocimiento tanto del alcance real de los riesgos derivados del trabajo como de la forma de prevenirlos y evitarlos, de manera adaptada a las peculiaridades de cada centro de trabajo, a las características de las personas que en él desarrollan su prestación laboral y a la actividad concreta que realizan.

Desde estos principios se articula el capítulo III de la Ley, que regula el conjunto de derechos y obligaciones derivados o correlativos del derecho básico de los trabajadores a su protección, así como, de manera más específica, las actuaciones a desarrollar en situaciones de emergencia o en caso de riesgo grave e inminente, las garantías y derechos relacionados con la vigilancia de la salud de los trabajadores, con especial atención a la protección de la confidencialidad y el respeto a la intimidad en el tratamiento de estas actuaciones, y las medidas particulares a adoptar en relación con categorías específicas de trabajadores, tales como los jóvenes, las trabajadoras embarazadas o que han dado a luz recientemente y los trabajadores sujetos a relaciones laborales de carácter temporal.

Entre las obligaciones empresariales que establece la Ley, además de las que implícitamente lleva consigo la garantía de los derechos reconocidos al trabajador, cabe resaltar el deber de coordinación que se impone a los empresarios que desarrollen sus actividades en un mismo centro de trabajo, así como el de aquellos que contraten o subcontraten con otros la realización en sus propios centros de trabajo de obras o servicios correspondientes a su actividad de vigilar el cumplimiento por dichos contratistas y subcontratistas de la normativa de prevención.

Instrumento fundamental de la acción preventiva en la empresa es la obligación regulada en el capítulo IV de estructurar dicha acción a través de la actuación de uno o varios trabajadores de la empresa específicamente designados para ello, de la constitución de un servicio de prevención o del recurso a un servicio de prevención ajeno a la empresa. De esta manera, la Ley combina la necesidad de una actuación ordenada y formalizada de las actividades de prevención con el reconocimiento de la diversidad de situaciones a las que la Ley se dirige en cuanto a la magnitud, complejidad e intensidad de los riesgos inherentes a las mismas, otorgando un conjunto suficiente de posibilidades, incluida la eventual participación de las Mutuas de Accidentes de Trabajo y Enfermedades Profesionales, para organizar de manera racional y flexible el desarrollo de la acción preventiva, garantizando en todo caso tanto la suficiencia del modelo de organización elegido, como la independencia y protección de los trabajadores que, organizados o no en un servicio de prevención, tengan atribuidas dichas funciones.

El capítulo V regula, de forma detallada, los derechos de consulta y participación de los trabajadores en relación con las cuestiones que afectan a la seguridad y salud en el trabajo. Partiendo del sistema de representación colectiva vigente en nuestro país, la Ley atribuye a los denominados Delegados de Prevención -elegidos por y entre los representantes del personal en el ámbito de los respectivos órganos de representación- el ejercicio de las funciones especializadas en materia de prevención de riesgos en el trabajo, otorgándoles para ello las competencias, facultades y garantías necesarias.

Junto a ello, el Comité de Seguridad y Salud, continuando la experiencia de actuación de una figura arraigada y tradicional de nuestro ordenamiento laboral, se configura como el órgano de encuentro entre dichos representantes y el empresario para el desarrollo de una participación equilibrada en materia de prevención de riesgos.

Todo ello sin perjuicio de las posibilidades que otorga la Ley a la negociación colectiva para articular de manera diferente los instrumentos de participación de los trabajadores, incluso desde el establecimiento de ámbitos de actuación distintos a los propios del centro de trabajo, recogiendo con ello diferentes experiencias positivas de regulación convencional cuya vigencia, plenamente compatible con los objetivos de la Ley, se salvaguarda a través de la disposición transitoria de ésta.

Tras regularse en el capítulo VI las obligaciones básicas que afectan a los fabricantes, importadores y suministradores de maquinaria, equipos, productos y útiles de trabajo, que enlazan con la normativa comunitaria de mercado interior dictada para asegurar la exclusiva comercialización de aquellos productos y equipos que ofrezcan los mayores niveles de seguridad para los usuarios, la Ley aborda en el capítulo VII la regulación de las responsabilidades y sanciones que deben garantizar su cumplimiento, incluyendo la tipificación de las infracciones y el régimen sancionador correspondiente.

Finalmente, la disposición adicional quinta viene a ordenar la creación de una fundación, bajo el protectorado del Ministerio de Trabajo y Seguridad Social y con participación, tanto de las Administraciones públicas como de las organizaciones representativas de empresarios y trabajadores, cuyo fin primordial será la promoción, especialmente en las pequeñas y medianas empresas, de actividades destinadas a la mejora de las condiciones de seguridad y salud en el trabajo. Para permitir a la fundación el desarrollo de sus actividades, se dotará a la misma por parte del Ministerio de Trabajo y Seguridad Social de un patrimonio procedente del exceso de excedentes de la gestión realizada por las Mutuas de Accidentes de Trabajo y Enfermedades Profesionales. Con ello se refuerzan, sin duda, los objetivos de responsabilidad, cooperación y participación que inspiran la Ley en su conjunto.

El proyecto de Ley, cumpliendo las prescripciones legales sobre la materia, ha sido sometido a la consideración del Consejo Económico y Social, del Consejo General del Poder Judicial y del Consejo de Estado.

5.2. Capítulo II. Política en materia de prevención de riesgos para proteger la seguridad y la salud en el trabajo.

Una vez expuesto la exposición de motivos de la ley de prevención de riesgos, que constituye nuestra norma básica hay que remitirse al capítulo II. Política en materia de prevención de riesgos para proteger la seguridad y la salud en el trabajo, que nos va a servir de introducción a los capítulos del libro siguientes dedicados a organismos e instituciones nacionales y autonómicas, concretamente en nuestro de caso de la comunidad autonómica de Andalucía.

5.2.1. Artículo 5. Objetivos de la política.

La política en materia de prevención tendrá por objeto la promoción de la mejora de las condiciones de trabajo dirigida a elevar el nivel de protección de la seguridad y la salud de los trabajadores en el trabajo.

Dicha política se llevará a cabo por medio de las normas reglamentarias y de las actuaciones administrativas que correspondan y, en particular, las que se regulan en este capítulo, que se orientarán a la coordinación de las distintas Administraciones públicas competentes en materia preventiva y a que se armonicen con ellas las actuaciones que conforme a esta Ley correspondan a sujetos públicos y privados, a cuyo fin:

La Administración General del Estado, las Administraciones de las Comunidades Autónomas y las entidades que integran la Administración local se prestarán cooperación y asistencia para el eficaz ejercicio de sus respectivas competencias en el ámbito de lo previsto en este artículo.

La elaboración de la política preventiva se llevará a cabo con la participación de los empresarios y de los trabajadores a través de sus organizaciones empresariales y sindicales más representativas.

A los fines previstos en el apartado anterior las Administraciones públicas promoverán la mejora de la educación en materia preventiva en los diferentes niveles de enseñanza y de manera especial en la oferta formativa correspondiente al sistema nacional de cualificaciones profesionales, así como la adecuación de la formación de los recursos humanos necesarios para la prevención de los riesgos laborales.

En el ámbito de la Administración General del Estado se establecerá una colaboración permanente entre el Ministerio de Trabajo y Seguridad Social y los Ministerios que correspondan, en particular los de Educación y Ciencia y de Sanidad y Consumo, al objeto de establecer los niveles formativos y especializaciones idóneas, así como la revisión permanente de estas enseñanzas, con el fin de adaptarlas a las necesidades existentes en cada momento.

Del mismo modo, las Administraciones públicas fomentarán aquellas actividades desarrolladas por los sujetos a que se refiere el apartado 1 del artículo segundo, en orden a la mejora de las condiciones de seguridad y salud en el trabajo y la reducción de los riesgos laborales, la investigación o fomento de nuevas formas de protección y la promoción de estructuras eficaces de prevención.

Para ello podrán adoptar programas específicos dirigidos a promover la mejora del ambiente de trabajo y el perfeccionamiento de los niveles de protección.

Los programas podrán instrumentarse a través de la concesión de los incentivos que reglamentariamente se determinen que se destinarán especialmente a las pequeñas y medianas empresas.

Las Administraciones públicas promoverán la efectividad del principio de igualdad entre mujeres y hombres, considerando las variables relacionadas con el sexo tanto en los sistemas de recogida y tratamiento de datos como en el estudio e investigación generales en materia de prevención de riesgos laborales, con el objetivo de detectar y prevenir posibles situaciones en las que los daños derivados del trabajo puedan aparecer vinculados con el sexo de los trabajadores.

5.2.2. Artículo 6. Normas reglamentarias.

El Gobierno, a través de las correspondientes normas reglamentarias y previa consulta a las organizaciones sindicales y empresariales más representativas, regulará las materias que a continuación se relacionan:

Requisitos mínimos que deben reunir las condiciones de trabajo para la protección de la seguridad y la salud de los trabajadores.

Limitaciones o prohibiciones que afectarán a las operaciones, los procesos y las exposiciones laborales a agentes que entrañen riesgos para la seguridad y la salud de los trabajadores. Específicamente podrá establecerse el sometimiento de estos procesos u operaciones a trámites de control administrativo, así como, en el caso de agentes peligrosos, la prohibición de su empleo.

Condiciones o requisitos especiales para cualquiera de los supuestos contemplados en el apartado anterior, tales como la exigencia de un adiestramiento o formación previa o la elaboración de un plan en el que se contengan las medidas preventivas a adoptar.

Procedimientos de evaluación de los riesgos para la salud de los trabajadores, normalización de metodologías y guías de actuación preventiva.

Modalidades de organización, funcionamiento y control de los servicios de prevención, considerando las peculiaridades de las pequeñas empresas con el fin de evitar obstáculos innecesarios para su creación y desarrollo, así como capacidades y aptitudes que deban reunir los mencionados servicios y los trabajadores designados para desarrollar la acción preventiva.

Condiciones de trabajo o medidas preventivas específicas en trabajos especialmente peligrosos, en particular si para los mismos están previstos controles médicos especiales, o cuando se presenten riesgos derivados de determinadas características o situaciones especiales de los trabajadores.

Procedimiento de calificación de las enfermedades profesionales, así como requisitos y procedimientos para la comunicación c información a la autoridad competente de los daños derivados del trabajo.

Las normas reglamentarias indicadas en el apartado anterior se ajustarán, en todo caso, a los principios de política preventiva establecidos en esta Ley, mantendrán la debida coordinación con la normativa sanitaria y de seguridad industrial y serán objeto de evaluación y, en su caso, de revisión periódica, de acuerdo con la experiencia en su aplicación y el progreso de la técnica.

De los siguientes artículos los expondremos más adelante dentro de su correspondiente apartado, pero para terminar tenemos que hacer mención al siguiente artículo:

5.2.3. Artículo 12. Participación de empresarios y trabajadores.

La participación de empresarios y trabajadores, a través de las organizaciones empresariales y sindicales más representativas, en la planificación, programación, organización y control de la gestión relacionada con la mejora de las condiciones de trabajo y la protección de la seguridad y salud de los trabajadores en el trabajo es principio básico de la política de prevención de riesgos laborales, a desarrollar por las Administraciones públicas competentes en los distintos niveles territoriales.

Capítulo 6- Organismos e Instituciones Nacionales con competencias en materia de Prevención de Riesgos Laborales

Autores:

Ana Padilla Fortes

Joaquín J. Gámez de La Hoz

6.1. Instituto Nacional de Seguridad e Higiene en el Trabajo.

    6.1.1. ¿Qué funciones tiene?.

    6.1.2. ¿Cuándo se crea?.

    6.1.3. ¿Qué líneas de acción tiene el Instituto?.

6.2. Comisión Nacional de Seguridad y Salud en el Trabajo.

    6.2.1. ¿Cómo se crea la Comisión Nacional de Seguridad y Salud en el Trabajo?.

    6.2.2. ¿Quiénes forman parte de la Comisión Nacional de Seguridad y Salud en el Trabajo?.

    6.2.3. ¿Cómo se adoptan los acuerdos?.

    6.2.4 .¿Cómo se organiza?.

    6.2.5. Actividades que realiza la comisión Nacional de Seguridad y Salud en el Trabajo.

    6.2.6. Estrategia Española de Seguridad y Salud en el Trabajo.

        6.2.6.1. ¿Qué es la Estrategia?.

        6.2.6.2. ¿Cuales son sus objetivos?.

6.3 Otros organismos nacionales competentes.

    6.3.1. Fundación para la Prevención de Riesgos Laborales.

        6.3.1.1.¿Cómo se crea la Fundación para la Prevención de Riesgos Laborales?.

        6.3.1.2. ¿Cuál es su finalidad?.

        6.3.1.3. ¿Cómo lleva a cabo su finalidad?.

        6.3.1.4. ¿Cómo se organiza?.

        6.3.1.5. ¿Qué acciones realiza?.

    6.3.2. Ministerio de Sanidad, Política Social e Igualdad.

        6.3.2.1 ¿Qué le corresponde al Ministerio de Sanidad, Política Social e Igualdad?.

        6.3.2.2. ¿Cómo se estructura?.

        6.3.2.3 ¿Cuáles son sus competencias?.

    6.3.3. ¿Qué aportaciones nos realiza la Ley General de Sanidad y la ley de Prevención de Riesgos Laborales con relación a la Salud Laboral?.

Capítulo 6- Organismos e instituciones nacionales con competencias en materia de prevención de riesgos laborales

6.1. Instituto Nacional de Seguridad e Higiene en el Trabajo.

Ficha:

> **Instituto Nacional de Seguridad e Higiene en el Trabajo.**
> Dirección: Torrelaguna 73, 28027 Madrid.
> Teléfono: (+34) 913.634.100
> Correo electrónico: cnctinsht@mtas.es
> Página web: http://www.insht.es/portal/site/Insht

El Instituto Nacional de Seguridad e Higiene en el Trabajo según el articulo 8 de la Ley 31/1995, de 8 de noviembre, de prevención de riesgos laborales lo define como:" el órgano científico técnico especializado de la Administración General del Estado que tiene como misión el análisis y estudio de las condiciones de seguridad y salud en el trabajo, así como la promoción y apoyo a la mejora de las mismas, para ello establecerá la cooperación necesaria con los órganos de las Comunidades Autónomas con competencias en esta materia."

6.1.1. ¿Qué funciones tiene?

El Instituto atendiendo a su misión, tendrá las siguientes funciones:

a. Asesoramiento técnico en la elaboración de la normativa legal y en el desarrollo de la normalización, tanto a nivel nacional como internacional.

b. Promoción y, en su caso, realización de actividades de formación, información, investigación, estudio y divulgación en materia de prevención de riesgos laborales, con la adecuada coordinación y colaboración, en su caso, con los órganos técnicos en materia preventiva de la Comunidades Autónomas en el ejercicio de sus funciones en esta materia.

c. Apoyo técnico y colaboración con la Inspección de Trabajo y Seguridad Social en el cumplimiento de su función de vigilancia y control, prevista en el artículo 9 de la presente Ley, en el ámbito de las Administraciones públicas.

d. Colaboración con organismos internacionales y desarrollo de programas de cooperación internacional en este ámbito, facilitando la participación de las Comunidades Autónomas.

e. Cualesquiera otras que sean necesarias para el cumplimiento de sus fines y le sean encomendadas en el ámbito de sus competencias, de acuerdo con la Comisión Nacional de Seguridad y Salud en el Trabajo regulada en el **artículo 13** de esta Ley, con la colaboración, en su caso, de los órganos técnicos de las Comunidades Autónomas con competencias en la materia.

El Instituto Nacional de Seguridad e Higiene en el Trabajo, en el marco de sus funciones, velará por la coordinación, apoyará el intercambio de información y las experiencias entre las distintas Administraciones públicas y especialmente fomentará y prestará apoyo a la realización de actividades de promoción de la seguridad y de la salud por las Comunidades Autónomas.

Asimismo, prestará, de acuerdo con las Administraciones competentes, apoyo técnico especializado en materia de certificación, ensayo y acreditación.

En relación con las Instituciones de la Unión Europea, el Instituto Nacional de Seguridad e Higiene en el Trabajo actuará como centro de referencia nacional, garantizando la coordinación y transmisión de la información que deberá facilitar a escala nacional, en particular respecto a la Agencia Europea para la Seguridad y la Salud en el Trabajo y su Red.

El Instituto Nacional de Seguridad e Higiene en el Trabajo ejercerá la Secretaría General de la Comisión Nacional de Seguridad y Salud en el Trabajo, prestándole la asistencia técnica y científica necesaria para el desarrollo de sus competencias.

6.1.2. ¿Cuándo se crea?

El Instituto de Seguridad e Higiene en el Trabajo se crea en el año 1.978. Adscribiéndose, dentro del Ministerio de Trabajo y Asuntos sociales, a la Secretaria General de Empleo.

Actualmente tiene su sede central en Madrid, donde están ubicados sus Servicios Centrales, y dispone de cuatro "Centros Nacionales" situados en:

- Barcelona: Centro Nacional de Condiciones de Trabajo.

- Madrid: Centro de Nuevas Tecnologías.

- Sevilla: Centro Nacional de Medios de Protección.

- Vizcaya: Centro Nacional de Verificación de Maquinaria.

6.1.3 ¿Qué líneas de acción tiene el Instituto?

Las funciones del Instituto Nacional de Seguridad e Higiene en el Trabajo siguen las siguientes líneas de acción con sus correspondientes objetivos:

Asistencia Técnica: Garantizar a las Administraciones Públicas, las organizaciones empresariales y sindicales y otras entidades públicas implicadas en la prevención, el apoyo técnico especializado y diferenciado que requieran en esta materia.

Estudio/Investigación: Mantener un conocimiento actualizado de la situación y tendencias de las condiciones de Seguridad y Salud en el Trabajo en España y la U.E., y aportar elementos de ayuda para la mejora de las mismas.

Formación: Promover y apoyar la integración de la formación en P.R.L. en todos los programas y niveles educativos, participando activamente en la formación especializada en este terreno y aportando los elementos de ayuda que se requieran.

Promoción/Información y Divulgación: Promover la sensibilización sobre la P. R. L. y actuando como elemento dinamizador de la prevención; producir, recopilar y facilitar la difusión de la información a todos los interesados; facilitar el intercambio de información entre las distintas Administraciones Públicas y ejercer el papel del "Centro de Referencia Nacional" en esta materia en relación con la U.E.

Desarrollo Normativo/Normalización: Aportar el asesoramiento técnico necesario en la elaboración de la normativa legal y técnica sobre P .R. L. y promover la información al respecto.

Ensayo/Certificación de equipos de protección y de máquinas: Asegurar la prestación de los servicios especializados, en tanto organismo notificado a la U.E. al respecto.

Cooperación Técnica: Promover y mejorar la eficacia de la cooperación técnica internacional en materia de P .R.L.

La Dirección del Instituto Nacional de Seguridad e Higiene en el Trabajo ejerce la Secretaría de la Comisión Nacional de Seguridad y Salud en el Trabajo, prestando el apoyo administrativo y la asistencia técnica y científica necesaria para el desarrollo de sus competencias.

Concretamente:

- Desarrolla todas las acciones de Secretariado, información y apoyo técnico que requiera la Comisión Nacional de Seguridad y Salud en el Trabajo.

- Elabora y distribuye las actas de las reuniones de la Comisión a todos los miembros.

- Elabora informes y prepara la documentación necesaria sobre los temas a tratar por la Comisión.

- Gestiona la constitución y funcionamiento de los Grupos de Trabajo aprobados o que puedan aprobarse por la Comisión Nacional.

- Elabora los informes y la documentación necesaria que requiera el trabajo de todos los grupos constituidos.

- Efectúa las convocatorias, coordinación y seguimiento de la actividad de todos los grupos constituidos.

- Elabora la Memoria Anual de la Comisión.

6.2. Comisión Nacional de Seguridad y Salud en el Trabajo

Ficha:

Comisión Nacional de Seguridad e Higiene en el Trabajo.(CNSST)

Dirección: Torrelaguna 73, 28027 Madrid.

Teléfono: (+34) 913.634.100

Página web: http://www.insht.es

6.2.1. ¿Como se crea la Comisión Nacional de Seguridad y Salud en el Trabajo?

Según la Ley 31/1995 de 8 de noviembre de prevención de riesgos laborales en su capítulo II: "Política en materia de prevención de riesgos para proteger la seguridad y la salud en el trabajo", concretamente en su artículo 13 titulado: "Comisión Nacional de Seguridad y Salud en el Trabajo" nos dice que: "se crea la Comisión Nacional de Seguridad y Salud en el Trabajo como órgano colegiado asesor de las Administraciones públicas en la formulación de las políticas de prevención y órgano de participación institucional en materia de seguridad y salud en el trabajo."

6.2.2. ¿Quiénes forman parte de la Comisión Nacional de Seguridad y Salud en el Trabajo?

La Comisión estará integrada por un representante de cada una de las Comunidades Autónomas, de las ciudades de Ceuta y Melilla y por igual número de miembros de la Administración General del Estado, paritariamente con todos los anteriores, por representantes de las organizaciones empresariales y sindicales más representativas. constituyendo así, los cuatro grupos de representación de la misma. La participación dentro de la Comisión sólo es posible mediante la designación de alguno de estos cuatro grupos.

ENERO 2011

PUBLICACIÓN REAL DECRETO COMPOSICIÓN DE LA COMISIÓN NACIONAL DE SEGURIDAD Y SALUD EN EL TRABAJO

6.2.3 ¿Cómo se adoptan los acuerdos?

Los acuerdos se adoptan por mayoría, disponiendo cada representante de las Administraciones Públicas (Administración General del Estado y Comunidades Autónomas) de un voto y de dos votos los de las Organizaciones Empresariales y Sindicales. Siendo un órgano cuatripartito por su composición, pero tripartito por su funcionamiento.

La Comisión Nacional de Seguridad y Salud en el Trabajo cuenta en sus integrantes a todos los agentes del Estado español responsables e implicados en la mejora de las condiciones de trabajo y de la calidad de vida laboral. Siendo un instrumento excepcional de participación en la formulación y desarrollo de la política en materia de prevención.

6.2.4. ¿Cómo se organiza?

Para llevar a cabo su misión funciona en:

- Pleno.

- Comisión permanente.

- Grupos de trabajo.

Pleno

La Comisión va a desarrollar sus funciones esencialmente a través de su funcionamiento en Pleno.

- Conocerá las actuaciones que en materia de promoción de la prevención de riesgos laborales, asesoramiento técnico y de vigilancia y control desarrollen las Administraciones Públicas competentes.

- Podrá informar y formular propuestas en relación con los criterios y programas generales de actuación de las Administraciones Públicas, específicamente en lo que se refiere a:

    - Criterios y programas generales de actuación.

    - Proyectos de disposiciones de carácter general.

    - Coordinación de las actuaciones desarrolladas por las Administraciones públicas competentes en materia laboral.

    - Coordinación entre las Administraciones públicas competentes en materia laboral, sanitaria y de industria.

- Elaborará los criterios y directrices de actuación del Instituto Nacional de Seguridad e Higiene en el Trabajo e informará sobre los planes nacionales de actuación en materia de seguridad y salud en el trabajo.

- Aprobará la Memoria anual de las actividades de la CNSST.

- Creará y disolverá al término de su actuación los Grupos de Trabajo que considere necesarios para el desarrollo de sus funciones y competencias, mediante los correspondientes mandatos en los que se especificará tanto los objetivos y tareas a desarrollar como, en su caso, el plazo en el que deben presentar los resultados parciales y las conclusiones finales.

Para el cumplimiento de las funciones que tiene asignadas, tal y como se establece en el Reglamento de Funcionamiento Interno, la Comisión se reunirá en Pleno, con carácter ordinario, como mínimo una vez al semestre, y con carácter extraordinario, a iniciativa de su Presidente o a propuesta de al menos la mayoría de uno de los cuatro grupos, a través de su Vicepresidente, con indicación expresa de los asuntos a tratar.

¿Cuál es la composición del pleno?

El Pleno está integrado por la totalidad de los miembros que la componen, bajo la presidencia del Secretario General de Empleo. Cuenta con cuatro Vicepresidencias, una por cada uno de los grupos que la integran. La vicepresidencia atribuida a la Administración General del Estado recae en el Subsecretario de Sanidad y Consumo; la correspondiente a la Administración de las Comunidades Autónomas, debido a un acuerdo interno, rota en periodos anuales, y lo mismo ocurre con la vicepresidencia atribuida a las organizaciones sindicales, que rota entre CC.OO y UGT, mientras que la correspondiente a las organizaciones empresariales no ha sufrido modificación alguna hasta la fecha, ostentándola CEOE.

Cada grupo de representación tiene asignados 19 vocales, que son renovados, al menos, cada cuatro años. Los miembros de la Comisión serán nombrados y cesados por el Ministro de Trabajo y Asuntos Sociales a propuesta de los respectivos Departamentos ministeriales,

Administraciones Públicas Autonómicas y organizaciones empresariales y sindicales más representativas (Orden TIN/2858/2008, de 7 de octubre).

Comisión permanente

La Comisión Permanente es el órgano de apoyo al Pleno que tiene las siguientes funciones, además de las expresamente delegadas por éste:

- Control y seguimiento en la aplicación de los acuerdos de la Comisión Nacional de Seguridad y Salud en el Trabajo.

- Preparación de las reuniones del Pleno, proponiendo el orden del día correspondiente.

- Presentación al Pleno de cuantas medidas estime oportunas para el mejor cumplimiento de los fines de la Comisión Nacional de Seguridad y Salud en el Trabajo.

Para el desempeño de dichas funciones la Comisión Permanente se reunirá cada trimestre, así como cuantas veces la convoque su Presidente, a iniciativa propia o a petición de al menos tres componentes de la misma, pertenecientes a un mismo grupo de representación.

¿Cuál es la composición de la Comisión Permanente?

La Comisión Permanente está integrada por cinco miembros de cada grupo de representación de la Comisión, que a su vez son vocales del Pleno. Preside esta Comisión el Director del Instituto Nacional de Seguridad e Higiene en el Trabajo por delegación del Presidente del Pleno y, ejerce la secretaría el Jefe del Secretariado Permanente de la Comisión

El nombramiento y cese de los componentes de la Comisión Permanente se realiza por el Presidente de la Comisión, a propuesta de los correspondientes vocales o grupos de representación.

Grupos de trabajo

La Comisión Nacional de Seguridad y Salud en el Trabajo (CNSST), puede acordar la creación de Grupos de Trabajo, permanentes o temporales, para el estudio de temas específicos o cuestiones concretas, determinando y especificando tanto las funciones como la composición de los mismos, garantizando en este último caso los criterios de proporcionalidad y la representación de todos los componentes de la Comisión Nacional.

- Grupos constituidos
  - Grupos en funcionamiento
    - Accidentes de Trabajo y Enfermedades Profesionales
    - Amianto
    - Construcción
    - Sector Agrario
    - Trabajadores Autónomos
    - Valores límite
    - Seguimiento de la Estrategia Española
    - Plan Prevea
    - Reforma de la Comisión Nacional de Seguridad y Salud en el Trabajo
    - Educación y Formación en Prevención de Riesgos Laborales
    - Empresas de Trabajo Temporal
  - Grupos finalizados
    - Construcción Naval
    - Comisión de Seguimiento del Plan de Acción
    - Fundación
    - Enfermedades Profesionales
    - Profesionales Sanitarios
    - Sector Marítimo Pesquero

Seguimiento del Plan de Acciones Prioritarias

En cada Grupo de Trabajo se designa un Presidente, un Secretario y un Ponente que se encarga de elaborar un documento en el que se reflejan, entre otros, los acuerdos y propuestas del Grupo. La frecuencia de las reuniones queda a criterio de sus miembros en función del desarrollo de los trabajos que se realizan en cada uno de ellos.

Los Grupos de Trabajo, una vez concluidos los trabajos encomendados, elevan sus informes y propuestas a la Comisión Permanente para su oportuna presentación al Pleno de la Comisión.

6.2.5. Actividades que realiza la Comisión Nacional de Seguridad y Salud en el Trabajo

Entre las acciones desarrolladas por la Comisión Nacional de Seguridad y Salud en el Trabajo, cabe destacar la intensa labor realizada y la significativa contribución de ésta en el desarrollo normativo de la Ley de Prevención de Riesgos Laborales.

La Comisión por acuerdo unánime de sus Vocales lleva a cabo una línea de información periódica relativa a diversos temas relacionados con la Seguridad y Salud en el Trabajo.

También realiza otras acciones dentro del ámbito de sus competencias.

- Desarrollo normativo.
- Información periódica.
- Otras acciones.
- Memoria Anual.

6.2.6. Estrategia Española de Seguridad y Salud en el Trabajo

En el Pleno extraordinario de la comisión nacional de seguridad de fecha 28 de junio de 2007 fue aprobada la Estrategia Española de Seguridad y Salud en el Trabajo 2007-2012.

La Estrategia Española de Seguridad y Salud en el Trabajo (2007/2012) incluye en su objetivo 8, la revalorización de la Comisión Nacional de Seguridad y Salud en el Trabajo, instando la adopción de un conjunto de medidas dirigidas a configurarla **como el foro** de concertación y diálogo entre el Estado, las Comunidades Autónomas y los interlocutores sociales de las políticas de prevención.

Atendiendo a la Estrategia española de seguridad y salud en el trabajo correspondiente al periodo 2007-2012, habría que partir que la Estrategia busca mejorar las condiciones de trabajo y la salud de los trabajadores y trabajadoras a través de la mejora de los instrumentos para garantizar el cumplimiento de la normativa preventiva.

6.2.6.1. ¿Qué es la estrategia?

Es un instrumento para establecer el marco general de las políticas de prevención de riesgos laborales a corto, medio y largo plazo. A partir del diagnóstico actual, identifica los objetivos y traza las líneas de actuación. Pretende dotar de coherencia y racionalidad las actuaciones de todos los actores (Gobierno, comunidades autónomas, organizaciones empresariales, organizaciones sindicales, empresas, trabajadores, servicios de prevención, mutuas de AA.TT. y profesionales de la prevención).

6.2.6.2. ¿Cuales son sus objetivos?

Hay que destacar entre sus objetivos los relativos a las políticas públicas, siendo los siguientes:

Objetivo 4. Desarrollar y consolidar la cultura de la prevención en la sociedad española.

Objetivo 5. Perfeccionar los sistemas de información e investigación en materia de seguridad y salud en el trabajo.

Objetivo 6. Potenciar la formación en materia de prevención de riesgos laborales.

Objetivo 7. Reforzar las instituciones dedicadas a la P.R,L.

Objetivo 8. Mejorar la participación institucional y la coordinación de las administraciones públicas en las políticas de P.R.L.

6.3. Otros organismos nacionales competentes

6.3.1. Fundación para la Prevención de Riesgos Laborales.

Ficha:

Fundación para la prevención de riesgos laborales

Dirección: C/Príncipe de Vergara, 108 - 6º.C.P.28.002 - Madrid - Teléfono: (+34)91 535 89 15 - Fax (+34)91 745 29 70

Página web:
http://www.funprl.es/Aplicaciones/Portal/portal/Aspx/Home.aspx

6.3.1.1. ¿Cómo se crea la Fundación para la prevención de riesgos laborales?

La Disposición Adicional Quinta de la Ley de Prevención de Riesgos Laborales viene a ordenar la creación de una Fundación, bajo el protectorado del Ministerio de Trabajo y Asuntos Sociales –hoy, Ministerio de Trabajo e Inmigración-, con participación tanto de las Administraciones Públicas, como de las Organizaciones representativas de Empresarios y Trabajadores, cuyo fin primordial sea la promoción, especialmente en las pequeñas y medianas empresas, de actividades destinadas a la mejora de las condiciones de seguridad y salud en el trabajo. En cumplimiento de dicha Disposición, se ha constituido la Fundación para la Prevención de Riesgos Laborales.

6.3.1.2. ¿Cuál es su finalidad?

La finalidad de la Fundación es promover la mejora de las condiciones de seguridad y salud en el trabajo.

6.3.1.3. ¿Cómo lleva a cabo su finalidad?

En particular en las pequeñas empresas, a través de:

- acciones de información,
- asistencia técnica,
- formación,
- y promoción del cumplimiento de la normativa de prevención de riesgos.

6.3.1.4. ¿Cómo se organiza?

Cuenta con dos órganos de gobierno:

- el Patronato
- y la Comisión delegada.

El Patronato

El patronato es el que representa y administra la Fundación. Está formado, como la Comisión Nacional de Seguridad y Salud en el Trabajo a la que está adscrito, por 76 miembros:

- 19 miembros de la Administración General del Estado,
- 19 miembros en representación de las Comunidades y Ciudades Autónomas,
- 19 representantes de las organizaciones empresariales más representativas: CEOE y CEPYME,
- 19 miembros en representación de las organizaciones sindicales más representativas, tanto en el ámbito estatal, como en el autonómico, esto es CC.OO., UGT., CIG y ELA.

La Comisión delegada

Está compuesta por 20 miembros del Patronato, con idéntica distribución proporcional de los cuatro grupos que integran la Comisión Nacional de Seguridad y Salud en el Trabajo.

Cuenta también con una Presidencia y vicepresidencias: El Patronato y la Comisión delegada tienen una presidencia y dos vicepresidencias correspondientes a los grupos representativos de las CCAA, Organizaciones Empresariales y Organizaciones Sindicales que constituyen la Comisión Nacional de Seguridad E Higiene en el Trabajo, ostentando su cargo durante el periodo de una año, y rotando periódicamente entre sí.

6.3.1.5. ¿Qué acciones realiza?

Las acciones impulsadas por la Fundación:

Acciones de información: Aquéllas que persigan la difusión entre trabajadores y empresarios de los principios de acción preventiva de los riesgos laborales o de las normas concretas de aplicación de tales principios.

Acciones de asistencia técnica: Dirigidas al estudio y resolución de problemas derivados de la aplicación práctica y material de las actuaciones preventivas.

Acciones de formación: Consisten en el diseño de los métodos y de contenidos de programas que pudieran ser impartidos en sectores y subsectores de la actividad productiva, en especial en aquellos cuya estructura esté constituida fundamentalmente por pequeñas empresas.

Acciones de promoción del cumplimiento de la normativa sobre prevención de riesgos laborales: Su objetivo es el fomento del conocimiento y la aplicación por empresarios y trabajadores/as de las disposiciones legales, reglamentarias y convencionales en materia de Prevención de Riesgos Laborales, en especial a través de mecanismos e instrumentos desarrollados en los ámbitos sectoriales y territoriales de la actividad productiva.

Las acciones están encaminadas de manera especial a los trabajadores/as y las empresas pequeñas.

6.3.2. Ministerio de Sanidad, Política Social e Igualdad

Ficha:

Ministerio de Sanidad, Política Social e Igualdad

Dirección: Paseo del Prado 18-20, 28014 Madrid

Teléfono: 901 400 100

Página web: http://www.msps.es

6.3.2.1. ¿Qué le corresponde al Ministerio de Sanidad, Política Social e Igualdad?

Corresponde al Ministerio de Sanidad, Política Social e Igualdad la política del Gobierno en materia de salud, de planificación y asistencia sanitaria y de consumo, así como el ejercicio de las competencias de la Administración General del Estado para asegurar a los ciudadanos el derecho a la protección de la salud.

En concreto en el ámbito de la salud laboral, desarrolla fundamentalmente actividades de coordinación interterritorial para la definición de Programas y Planes de Salud Laboral, de representación en la Unión Europea, y de participación institucional en la definición de las políticas de prevención de riesgos laborales en las Mesas de Diálogo Social y en la Comisión Nacional de Seguridad y Salud en el Trabajo.

6.3.2.2. ¿Cómo se estructura?

Bajo la superior dirección de la persona titular del Departamento, el Ministerio de Sanidad, Política Social e Igualdad desarrolla las funciones que legal y reglamentariamente le corresponden a través de los órganos superiores y directivos siguientes:

a) La Secretaria de Estado de Igualdad.

b) La Subsecretaría de Sanidad, Política Social e Igualdad.

c) La Secretaría General de Sanidad.

d) La Secretaría General de Política Social y Consumo.

El Consejo Asesor de Sanidad es el órgano consultivo y de asistencia a la persona titular del Departamento en la formulación de la política sanitaria.

De los órganos directivos que se compone el Ministerio destacamos para este tema la **Secretaría General de Sanidad**, a la cuál le corresponde desempeñar las funciones de salud pública. De ella depende la **Dirección General de Salud Pública y Sanidad Exterior** que es el órgano que asume las funciones relativas a la información epidemiológica, promoción de la salud y prevención de las enfermedades, sanidad exterior, salud laboral, sanidad ambiental y requisitos higiénico-sanitarios de los productos de uso y consumo humano, así como la elaboración de la normativa en estas materias. Asimismo le corresponde la determinación de los criterios que permitan establecer la posición española ante la Unión Europea y en los foros internacionales en las materias de salud pública, sin perjuicio de las competencias de otros Departamentos ministeriales.

6.3.2.3. ¿Cuáles son sus competencias?

Las competencias de las administraciones sanitarias en Salud Laboral, están establecidas en la Ley General de Sanidad, que dedica todo un capítulo, el IV del Título I, al argumento; en la Ley de Prevención de Riesgos Laborales, que remite a este capítulo en su artículo 10, del Reglamento de los Servicios de Prevención, y la normativa sanitaria vigente.

Por otro lado, las competencias de Salud Pública, Planificación Sanitaria y Autorización de Centros o Establecimientos Sanitarios, están transferidas a las Comunidades Autónomas, y son estas competencias las necesarias para aplicar y hacer cumplir las normas anteriormente descritas.

Dependen de ellas las Áreas de Salud que son las estructuras fundamentales del sistema sanitario, responsabilizadas de la gestión unitaria de los centros y establecimientos del Servicio de Salud y de las prestaciones y programas sanitarios a desarrollar por ellos.

Sus principales funciones en salud laboral son:

• El establecimiento de medios adecuados para la evaluación y control de las actuaciones de carácter sanitario que se realicen en las empresas por los Servicios de Prevención actuantes. Para ello, establecerán las pautas y protocolos de actuación, oídas las sociedades científicas, a los que deberán someterse los citados servicios.

• La implantación de sistemas de información adecuados que permitan la elaboración, junto con las autoridades laborales competentes, de mapas de riesgos laborales, así como la realización de estudios epidemiológicos para la identificación y prevención de las patologías que puedan afectar a la salud de los trabajadores, así como hacer posible un rápido intercambio de información.

• La supervisión de la formación que, en materia de prevención y promoción de la salud laboral, deba recibir el personal sanitario actuante en los Servicios de Prevención autorizados.

• La elaboración y divulgación de estudios, investigaciones y estadísticas relacionados con la salud de los trabajadores.

• Promover la salud integral del trabajador.

• Vigilar los riesgos laborales en relación al embarazo y lactancia de la mujer trabajadora.

• Determinar y prevenir los riesgos del microclima laboral.

• Vigilar la salud de los trabajadores, para detectar precozmente el deterioro de la misma.

• Elaborar con las autoridades laborales competentes mapas de riesgos laborales.

• Promover la información, formación y participación de trabajadores/as y empresarios.

Es fundamental conseguir, además, la colaboración de los servicios de prevención con el Sistema Nacional de Salud, tanto para el adecuado seguimiento individual de la salud de los trabajadores, como para la correcta vigilancia epidemiológica de los mismos como colectivo.

Para conseguir esto, tenemos que continuar promoviendo la formación continuada en prevención de riesgos laborales y promoción de la salud en el trabajo de los profesionales sanitarios de atención primaria y especializada, junto con contenidos de salud laboral en los proyectos curriculares de pregrado de las titulaciones sanitarias, y nuevos contenidos en los programas formativos de los médicos y enfermeros del trabajo más acordes con las nuevas funciones: gestión de programas, organización de empresa, sistemas de información, negociación, etc.

En el Estado de las Autonomías, las Administraciones Sanitarias han tenido un desigual desarrollo en la definición de políticas de salud laboral, que debemos tratar de remediar con un esfuerzo conjunto para resolver los problemas comunes que están afectando a nuestra población trabajadora.

Las actuaciones de las Administrativas Públicas competentes en materia sanitaria, aplicadas en el ámbito de la salud laboral, se instrumentan a través de lo dispuesto en la Ley General de Sanidad (Ley 14/1986, de 25 de abril, BOE 29/4/86) y disposiciones dictadas para su desarrollo.

La *Ley de Prevención de Riesgos Laborales* (art 10) recoge las principales funciones de las Administraciones sanitarias:

- El establecimiento de medios adecuados de evaluación y control, sobre las actuaciones de carácter sanitario que realicen las Servicios de Prevención en las empresas.

- La instauración de procedimientos informativos que permitan la elaboración de mapas de riesgos laborales, así como la realización de los correspondientes estudios epidemiológicos para la identificación y prevención de patologías que afecten o puedan afectar a la población trabajadora.

- La supervisión de la formación en materia preventiva que reciba el personal sanitario participante en los servicios de prevención.

- La elaboración y divulgación de estudios, estadísticas e investigaciones sobre la salud de los trabajadores.

6.3.3. ¿Qué aportaciones nos realiza la Ley General de Sanidad y la Ley de Prevención de Riesgos Laborales con relación a la Salud Laboral?

La consideración social de la salud como un bien de primordial importancia, al que todos los ciudadanos, cualesquiera que sean sus condiciones, deben tener derecho, es un hecho tan relevante en nuestra sociedad, que en su día se plasmó con el máximo rango legal posible: como derecho constitucional, dentro del conjunto de los principios rectores que deben presidir en nuestro país la política social y económica.

El Artículo 40.2 de la Constitución recomienda a los poderes públicos velar por la seguridad e higiene en el trabajo, y el Artículo 43.1 reconoce a todos el derecho a la protección de la salud, atribuyendo el número II de dicho precepto constitucional a los poderes públicos la competencia de organizar y tutelar la salud pública a través de las medidas preventivas y de las prestaciones y servicios necesarios.

En este sentido, la promulgación de la Ley General de Sanidad constituye un hecho de especial trascendencia porque incorpora como principio general que la salud es un fenómeno de carácter multifactorial que requiere una intervención multisectorial. Además, recoge, entre los criterios rectores de la actuación sanitaria, la promoción de la salud y la garantía de que las acciones sanitarias se dirijan a la prevención de las enfermedades y no sólo a su curación. En su Capítulo IV, dedicado a la Salud Laboral, establece los criterios fundamentales con cuyo desarrollo se logrará alcanzar sus objetivos: la prevención de los riesgos laborales y la promoción de la salud física y mental de los trabajadores. Además de indicar la necesidad de investigar las condiciones de trabajo, vigilar y promover la salud de los trabajadores, informar y formar, hace referencia a la coordinación con las autoridades laborales para desarrollar un sistema de información que sirva para la planificación de actividades encaminadas al logro de los objetivos enunciados.

También incorpora estos conceptos la Ley 31/1995, de Prevención de Riesgos Laborales, dado que cuando hablamos de prevención de riesgos laborales estamos hablando de actuar sobre aquellos factores o condiciones de trabajo que pueden afectar negativamente a la salud del trabajador. En otras palabras, la prevención de riesgos laborales, persigue la protección de la salud de los trabajadores.

Hay un hecho diferencial de la Ley General de Sanidad frente a la de Prevención de Riesgos Laborales, que es la incorporación a su texto del concepto de la promoción de la salud. Efectivamente, bajo una concepción integral de la salud y las personas, resulta necesario actuar sobre los riesgos laborales, a través de la prevención, pero también sobre los factores promotores de salud en el lugar de trabajo, que son muchos.

Más recientemente, la Ley de cohesión y calidad del Sistema Nacional de Salud incluye en su artículo 11, de Prestaciones de salud pública, en su apartado 2.g) la promoción y protección de la salud laboral, estableciendo en el apartado 3 del mismo artículo que las prestaciones de salud pública se ejercerán con un carácter de integralidad, a partir de las estructuras de salud pública de las Administraciones y de la infraestructura de atención primaria del Sistema Nacional de Salud.

Especial relevancia presenta el desarrollo efectivo del importante Capítulo VII del Reglamento de los Servicios de Prevención, que busca la colaboración de los servicios de prevención con el Sistema Nacional de Salud, tanto para el adecuado seguimiento individual de la salud de los trabajadores, como para la correcta vigilancia epidemiológica de los mismos como colectivo.

La prevención de los riesgos laborales nos impone múltiples desafíos. Los controles legales de la salud y la seguridad en el trabajo en la Unión Europea son de los más rigurosos del mundo, pero los accidentes de trabajo y enfermedades profesionales siguen siendo excesivamente elevados en nuestro país y se hace necesario acometer acciones con la cooperación y colaboración de todos para conseguir la disminución de los mismos.

Capítulo 7- La Inspección de Trabajo y la Seguridad Social en materia de prevención de riesgos laborales

Autores:

Ana Padilla Fortes

Joaquín J. Gámez de la Hoz

7.1. ¿Qué es la Inspección de Trabajo y la Seguridad Social?.

7.2. ¿Cómo se organiza?.

7.3. ¿Cuáles son sus funciones?.

7.4. La Inspección de Trabajo y Seguridad Social en la Ley de Prevención de Riesgos Laborales.

Capítulo 7- La Inspección de Trabajo y la Seguridad Social en materia de prevención de riesgos laborales.

Ficha:

> ### La Inspección de Trabajo y la Seguridad Social
> Dirección: C/ Agustín de Betancourt, 4. 28003 - Madrid
> Teléfono: Teléfono: 91 363 00 00 Fax: 91 363 06 78
> Página web: http://www.mtin.es/itss/web/index.html

7.1. ¿Qué es la Inspección de Trabajo y la Seguridad Social?

Según la Ley 42/1997, de 14 de noviembre, Ordenadora de la Inspección de Trabajo y Seguridad Social, en su articulo primero nos dice que: constituye el sistema de la Inspección de Trabajo y Seguridad Social el conjunto de principios legales, normas, órganos, funcionarios y medios materiales que contribuyen al adecuado cumplimiento de las normas laborales; de prevención de riesgos laborales; de Seguridad Social y protección social; colocación, empleo y protección por desempleo; cooperativas; migración y trabajo de extranjeros, y de cuantas otras materias le sean atribuidas.

Es un servicio público al que corresponde ejercer la vigilancia del cumplimiento de las normas de orden social y exigir las responsabilidades pertinentes, así como el asesoramiento y, en su caso, arbitraje, mediación y conciliación en dichas materias, que efectuará de conformidad con los principios del Estado social y democrático de Derecho que consagra la Constitución Española, y con los Convenios números 81 y 129 de la Organización Internacional del Trabajo.

Por tanto la Inspección de Trabajo y Seguridad Social (ITSS), dependiente de la Subsecretaria de Trabajo e Inmigración - de acuerdo con lo previsto en la Ley 42/1997, de 14 de noviembre de Ordenación de la Inspección de Trabajo y Seguridad Social y su reglamento de desarrollo aprobado por RD 138/2000 de 4, de febrero así como en la Orden Ministerial de 12 de febrero de 1998 - es la organización administrativa responsable del servicio público de control y vigilancia del cumplimiento de las normas de orden social que incluye los servicios de exigencia de las responsabilidades administrativas pertinentes en que puedan incurrir empresas y trabajadores así como el asesoramiento e información a los mismos en materia laboral y de seguridad social (que pueda suscitarse con ocasión del ejercicio de la acción inspectora).

7.2. ¿Cómo se organiza?

Para la prestación de los servicios a los ciudadanos la ITSS cuenta con funcionarios de nivel técnico superior y habilitación nacional pertenecientes al Cuerpo Superior de Inspectores de Trabajo y de Seguridad Social y que realizan sus funciones con el mandato de estricto cumplimiento de los principios de independencia técnica, objetividad e imparcialidad prescritos en los convenios internacionales número 81 y 129 de la Organización Internacional del Trabajo. Las funciones de inspección de apoyo, colaboración y gestión precisas para el ejercicio de la labor inspectora son desarrolladas por los funcionarios del Cuerpo de Subinspectores de Empleo y Seguridad Social, con la misma habilitación nacional.

La Dirección General de la ITSS asume como objetivo básico de su labor el impulso del cumplimiento voluntario de las obligaciones laborales y de Seguridad Social de empresas y trabajadores, desarrollando para ello tanto actuaciones preventivas como correctoras o sancionadoras, a través de requerimientos de cumplimiento de la normativa de orden social o de disposiciones relativas a la seguridad y salud de los trabajadores, requerimientos de ingreso de cuotas de Seguridad Social y conceptos asimilados, actas de infracción para la imposición de sanciones de orden social y actas de liquidación y demás documentos liquidatorios de cuotas de Seguridad Social.

En determinados procedimientos laborales en los que la Inspección de Trabajo participa (Expedientes de Regulación de Empleo, Comunicación de apertura de centros, etc...), tendrán la consideración de autoridades laborales competentes, los órganos que cada Comunidad Autónoma determine.

Consejo de Ministros

Presentado el anteproyecto de Ley de Reforma de la Inspección de Trabajo y Seguridad Social

Refuerza la Inspección de Trabajo, crea una nueva Escala de Subinspectores especializados en seguridad y salud, y adapta su organización a los traspasos a las comunidades autónomas

29 de abril 2011.- El Consejo de Ministros, a iniciativa del Ministro de Trabajo e Inmigración, Valeriano Gómez, ha acordado solicitar dictamen del Consejo Económico y Social en relación con el Anteproyecto de Ley para la reforma de la Ley Ordenadora de la Inspección de Trabajo y Seguridad Social.

7.3. ¿Cuáles son sus funciones?

Principales servicios prestados por la Inspección de Trabajo y Seguridad Social a empresas y trabajadores.

- Servicios de vigilancia y exigencia del cumplimiento de las normas legales, reglamentarias y contenido normativo de los convenios colectivos.

Los ámbitos de estos servicios vienen referidos a las siguientes materias:

- Ordenación del trabajo y relaciones sindicales.

- Prevención de riesgos laborales.

Normas en materia de prevención de riesgos laborales, así como de las normas jurídico-técnicas que incidan en las condiciones de trabajo en dichas materias.

- Normas en materia de campo de aplicación, inscripción, afiliación, altas y bajas de trabajadores, cotización y recaudación de cuotas del sistema de la seguridad social.

- Normas sobre obtención y disfrute de prestaciones del sistema de la Seguridad Social así como de las mejoras voluntarias u otros sistemas complementarios voluntarios establecidos en convenios colectivos.

- Normas sobre colaboración en la gestión de la Seguridad Social.

- Normas en materia de colocación, empleo y protección por desempleo; emigración, movimientos migratorios y trabajo de extranjeros; formación profesional ocupacional y continua; empresas de trabajo temporal, agencias de colocación y planes de servicios integrados de empleo.

- Servicios de asistencia técnica.

- Servicios de arbitraje, conciliación y mediación.

- Actuaciones inspectoras derivadas de los servicios prestados por la Inspección de Trabajo y de Seguridad Social. Entre ellas destaca en materia de prevención de riesgos laborales las siguientes:

- Inicio de procedimientos sancionadores mediante la extensión de actas de infracción.

- Propuesta ante el Organismo competente del recargo de prestaciones económicas en caso de accidente de trabajo o enfermedad profesional causados por falta de medidas de seguridad e higiene en el trabajo.

- Propuesta de recargos o reducciones en las primas de aseguramiento de accidentes de trabajo y enfermedades profesionales en el caso de empresas por su comportamiento en la prevención de riesgos y salud laboral.

- Orden de paralización inmediata de trabajos o tareas por inobservancia de la normativa de prevención de riesgos laborales, de concurrir riesgo grave e inminente para la seguridad y salud.

7.4. La Inspección de Trabajo y Seguridad Social en la Ley de Prevención de Riesgos Laborales.

La Ley de prevención de riesgos laborales trata a la Inspección de Trabajo y Seguridad Social en distintos capítulos y articulados, exponemos a continuación los más destacados:

En su capítulo II artículo 9, lo dedica a las funciones que va a corresponder a la Inspección de Trabajo y Seguridad Social siendo la principal **la de vigilancia y control de la normativa sobre**

prevención de riesgos laborales, y en cumplimiento de esta misión, va a tener las siguientes funciones:

a. Vigilar el cumplimiento de la normativa sobre prevención de riesgos laborales, así como de las normas jurídico-técnicas que incidan en las condiciones de trabajo en materia de prevención, aunque no tuvieran la calificación directa de normativa laboral, proponiendo a la autoridad laboral competente la sanción correspondiente, cuando comprobase una infracción a la normativa sobre prevención de riesgos laborales, de acuerdo con lo previsto en el capítulo VII de la presente Ley.

b. Asesorar e informar a las empresas y a los trabajadores sobre la manera más efectiva de cumplir las disposiciones cuya vigilancia tiene encomendada.

c. Elaborar los informes solicitados por los Juzgados de lo Social en las demandas deducidas ante los mismos en los procedimientos de accidentes de trabajo y enfermedades profesionales.

d. Informar a la autoridad laboral sobre los accidentes de trabajo mortales, muy graves o graves, y sobre aquellos otros en que, por sus características o por los sujetos afectados, se considere necesario dicho informe, así como sobre las enfermedades profesionales en las que concurran dichas calificaciones y, en general, en los supuestos en que aquélla lo solicite respecto del cumplimiento de la normativa legal en materia de prevención de riesgos laborales

e. Comprobar y favorecer el cumplimiento de las obligaciones asumidas por los servicios de prevención establecidos en la presente ley.

f. Ordenar la paralización inmediata de trabajos cuando, a juicio del inspector, se advierta la existencia de riesgo grave e inminente para la seguridad o salud de los trabajadores.

La Administración General del Estado y, en su caso, las Administraciones Autonómicas podrán adoptar las medidas precisas para garantizar la colaboración pericial y el asesoramiento técnico necesarios a la Inspección de Trabajo y Seguridad Social en sus respectivos ámbitos de competencia. En el ámbito de la Administración general del Estado, el Instituto Nacional de Seguridad e Higiene en el Trabajo apoyará y colaborará con la Inspección de Trabajo y Seguridad Social en el cumplimiento de su función de vigilancia y control prevista en el apartado anterior. (Modificado por LEY 54/2003)

Las Administraciones General del Estado y de las comunidades autónomas adoptarán, en sus respectivos ámbitos de competencia, las medidas necesarias para garantizar la colaboración pericial y el asesoramiento técnico necesarios a la Inspección de Trabajo y Seguridad Social que, en el ámbito de la Administración General del Estado serán prestados por el Instituto Nacional de Seguridad e Higiene en el Trabajo.

Estas Administraciones públicas elaborarán y coordinarán planes de actuación, en sus respectivos ámbitos competenciales y territoriales, para contribuir al desarrollo de las actuaciones preventivas en las empresas, especialmente en las de mediano y pequeño tamaño y las de sectores de actividad con mayor nivel de riesgo o de siniestralidad, a través de acciones de asesoramiento, de información, de formación y de asistencia técnica.

En el ejercicio de tales cometidos, los funcionarios públicos de las citadas Administraciones que ejerzan labores técnicas en materia de prevención de riesgos laborales a que se refiere el párrafo anterior, podrán desempeñar funciones de asesoramiento, información y comprobatorias de las condiciones de seguridad y salud en las empresas y centros de trabajo, con el alcance señalado en el apartado 3 de este artículo y con la capacidad de requerimiento a que se refiere el artículo 43 de esta ley, todo ello en la forma que se determine reglamentariamente.

Las referidas actuaciones comprobatorias se programarán por la respectiva Comisión Territorial de la Inspección de Trabajo y Seguridad Social a que se refiere el artículo 17.2 de la ley 42/1997, de 14 de noviembre, Ordenadora de la Inspección de Trabajo y Seguridad Social para su integración en el plan de acción en Seguridad y Salud Laboral de la Inspección de Trabajo y Seguridad Social.

Cuando de las actuaciones de comprobación a que se refiere el apartado anterior, se deduzca la existencia de infracción, y siempre que haya mediado incumplimiento de previo requerimiento, el funcionario actuante remitirá informe a la Inspección de Trabajo y Seguridad Social, en el que se recogerán los hechos comprobados, a efectos de que se levante la correspondiente acta de infracción, si así procediera.

A estos efectos, los hechos relativos a las actuaciones de comprobación de las condiciones materiales o técnicas de seguridad y salud recogidos en tales informes gozarán de la presunción de certeza a que se refiere la disposición adicional cuarta, apartado 2, de la Ley 42/1997, de 14 de noviembre, Ordenadora de la Inspección de Trabajo y Seguridad Social.(Añadido por LEY 54/2003)

Las actuaciones previstas en los dos apartados anteriores, estarán sujetas a los plazos establecidos en el artículo 14, apartado 2, de la Ley 42/1997, de 14 de noviembre, Ordenadora de la Inspección de Trabajo y Seguridad Social. (Añadido por LEY 54/2003.)

En su capítulo V titulado Consulta y participación de los trabajadores, en el artículo 40 dedicado a la colaboración con la Inspección de trabajo y seguridad social, en el que los trabajadores y sus representantes podrán recurrir a la Inspección de Trabajo y Seguridad Social si consideran que las medidas adoptadas y los medios utilizados por el empresario no son suficientes para garantizar la seguridad y la salud en el trabajo.

Igualmente en las visitas a los centros de trabajo para la comprobación del cumplimiento de la normativa sobre prevención de riesgos laborales, el Inspector de Trabajo y Seguridad Social comunicará su presencia al empresario o a su representante o a la persona inspeccionada, al Comité de Seguridad y Salud, al Delegado de Prevención o, en su ausencia, a los representantes legales de los trabajadores, a fin de que puedan acompañarle durante el desarrollo de su visita y formularle las observaciones que estimen oportunas, a menos que considere que dichas comunicaciones puedan perjudicar el éxito de sus funciones.

La Inspección de Trabajo y Seguridad Social informará a los Delegados de Prevención sobre los resultados de las visitas a que hace referencia el apartado anterior y sobre las medidas adoptadas como consecuencia de las mismas, así como al empresario mediante diligencia en el Libro de Visitas de la Inspección de Trabajo y Seguridad Social que debe existir en cada centro de trabajo.

Las organizaciones sindicales y empresariales más representativas serán consultadas con carácter previo a la elaboración de los planes de actuación de la Inspección de Trabajo y Seguridad Social en materia de prevención de riesgos en el trabajo, en especial de los programas específicos para empresas de menos de seis trabajadores, e informadas del resultado de dichos planes.

En su capítulo VI titulado Responsabilidades y sanciones, su artículo 43 desarrolla los requerimientos de la Inspección de Trabajo y Seguridad Social. Cuando el Inspector de Trabajo y Seguridad Social comprobase la existencia de una infracción a la normativa sobre prevención de riesgos laborales, requerirá al empresario para la subsanación de las deficiencias observadas, salvo que por la gravedad e inminencia de los riesgos procediese acordar la paralización prevista en el artículo 44. Todo ello sin perjuicio de la propuesta de sanción correspondiente, en su caso.

El requerimiento formulado por el Inspector de Trabajo y Seguridad Social se hará saber por escrito al empresario presuntamente responsable señalando las anomalías o deficiencias apreciadas con indicación del plazo para su subsanación. Dicho requerimiento se pondrá, asimismo, en conocimiento de los Delegados de Prevención.

Si se incumpliera el requerimiento formulado, persistiendo los hechos infractores, el Inspector de Trabajo y Seguridad Social, de no haberlo efectuado inicialmente, levantará la correspondiente acta de infracción por tales hechos.

Los requerimientos efectuados por los funcionarios públicos a que se refiere el artículo 9.2 de esta Ley, en ejercicio de sus funciones de apoyo y colaboración con la Inspección de Trabajo y Seguridad Social, se practicarán con los requisitos y efectos establecidos en el apartado anterior, pudiendo reflejarse en el Libro de Visitas de la Inspección de Trabajo y Seguridad Social, en la forma que se determine reglamentariamente. (Ap. 3 añadido por art. 6 de Ley 54/2003, de 12 diciembre.)

Y en este mismo capítulo VI se encuentra el artículo 44. Paralización de trabajos, cuando el Inspector de Trabajo y Seguridad Social compruebe que la inobservancia de la normativa sobre prevención de riesgos laborales implica, a su juicio, un riesgo grave e inminente para la seguridad y la salud de los trabajadores podrá ordenar la paralización inmediata de tales trabajos o tareas. Dicha medida será comunicada a la empresa responsable, que la pondrá en conocimiento inmediato de los trabajadores afectados, del Comité de Seguridad y Salud, del Delegado de Prevención o, en su ausencia, de los representantes del personal. La empresa responsable dará cuenta al Inspector de Trabajo y Seguridad Social del cumplimiento de esta notificación.

El Inspector de Trabajo y Seguridad Social dará traslado de su decisión de forma inmediata a la autoridad laboral. La empresa, sin perjuicio del cumplimiento inmediato de tal decisión, podrá impugnarla ante la autoridad laboral en el plazo de tres días hábiles, debiendo resolverse tal impugnación en el plazo máximo de veinticuatro horas. Tal resolución será ejecutiva, sin perjuicio de los recursos que procedan.

La paralización de los trabajos se levantará por la Inspección de Trabajo y Seguridad Social que la hubiera decretado, o por el empresario tan pronto como se subsanen las causas que la motivaron, debiendo, en este último caso, comunicarlo inmediatamente a la Inspección de Trabajo y Seguridad Social.

Los supuestos de paralización regulados en este artículo, así como los que se contemplen en la normativa reguladora de las actividades previstas en el apartado 2 del artículo 7 de la presente Ley, se entenderán, en todo caso, sin perjuicio del pago del salario o de las indemnizaciones que procedan y de las medidas que puedan arbitrarse para su garantía.

Capítulo 8- Organismos Autonómicos con competencias en materia de Prevención de Riesgos Laborales en Andalucía.

Autores:

Ana Padilla Fortes

Joaquín J. Gámez de la Hoz

8.1 Consejería de Salud. Estructura funciones y competencias en prevención de riesgos laborales.

    8.1.1. ¿Cómo se organiza?.

    8.1.2. ¿Con que competencias cuenta?.

    8.1.3. ¿Cuáles son las actuaciones de la Administración Sanitaria Pública de Andalucía?.

8.2 Consejería de Empleo. Estructura funciones y competencias en prevención de riesgos laborales.

    8.2.1. ¿Cómo se organiza?.

    8.2.2. ¿Con que competencias cuenta?.

    8.2.3. Dirección General de Seguridad y Salud Laboral.

Capítulo 8- Organismos autonómicos con competencias en materia de prevención de riesgos laborales en Andalucía.

8.1 Consejería de Salud. Estructura funciones y competencias en prevención de riesgos laborales.

Ficha:

Consejería de Salud

Dirección: Avda de la Innovación s/n. Edif. Arena 1. 41020 Sevilla

Teléfono: +34 95 5006300 FAX: +34 95 5006328

Página web: http://www.juntadeandalucia.es/salud

8.1.1. ¿Cómo se organiza?

Según el Decreto 171/2009, de 19 de mayo, por el que se establece la estructura orgánica de la Consejería de Salud y del Servicio Andaluz de Salud, en su artículo 2 recoge la Organización general de la Consejería.

De acuerdo con lo previsto en los artículos 24 y 25 de la Ley 9/2007, de 22 de octubre, la Consejería de Salud, bajo la superior dirección de su titular, se estructura para el ejercicio de sus competencias en los siguientes órganos directivos centrales:

- Viceconsejería.
- Secretaría General de Calidad y Modernización, con rango de Viceconsejería.

- Secretaría General de Salud Pública y Participación, con rango de Viceconsejería.

- Secretaría General Técnica.

- Dirección General de Consumo.

- Dirección General de Planificación e Innovación Sanitaria.

- Dirección General de Calidad, Investigación y Gestión del Conocimiento.

A la Consejería de Salud se adscribe el Servicio Andaluz de Salud, con la estructura, competencias y funciones que le están atribuidas por la legislación vigente. El Servicio Andaluz de Salud cuenta con los siguientes órganos o centros directivos:

- Dirección Gerencia, con rango de Viceconsejería.

- Secretaría General, con rango de Dirección General.

- Dirección General de Asistencia Sanitaria.

- Dirección General de Personal y Desarrollo Profesional.

- Dirección General de Gestión Económica.

- Están adscritas a la Consejería de Salud las siguientes Empresas Públicas:

- La Empresa Pública de Emergencias Sanitarias.

- La Empresa Pública «Hospital Costa del Sol».

- La Empresa Pública «Hospital de Poniente».

- La Empresa Pública «Hospital Alto Guadalquivir».

- La Empresa Pública Sanitaria «Bajo Guadalquivir».

Dependen de la Consejería de Salud la Agencia de Evaluación de Tecnologías Sanitarias de Andalucía y la Escuela Andaluza de Salud Pública, quedando adscritas ambas a la Secretaría General de Calidad y Modernización.

De la persona titular de la Consejería de Salud depende directamente la Viceconsejería, con competencias superiores de coordinación, la Secretaría General de Calidad y Modernización, la Secretaría General de Salud Pública y Participación, la Dirección General de Consumo y la Dirección Gerencia del Servicio Andaluz de Salud. Como órgano de apoyo y asistencia inmediata a la persona titular de la Consejería existe un Gabinete, cuya composición será la establecida en la normativa específica vigente.

En cada provincia existe una Delegación Provincial de la Consejería de Salud, cuya persona titular representa a la Consejería en la provincia y ejerce la dirección, coordinación y control inmediatos de los servicios de la Delegación, bajo la superior dirección y la supervisión de la persona titular de la Consejería

Decreto 216/2011, de 28 de junio, de adecuación de diversos organismos autónomos a las previsiones de la Ley 9/2007, de 22 de octubre, de la Administración de la Junta de Andalucía.

Artículo 1. Naturaleza y adscripción.

1. Los organismos que se relacionan a continuación tendrán la condición de agencias administrativas, y estarán adscritos a las Consejerías que se indican.

SERVICIO ANDALUZ DE SALUD, adscrito a la Consejería de Salud.

8.1.2. ¿Con que competencias cuenta?

Según el Decreto 171/2009, en su artículo 1 sus competencias serían las siguientes:

La Consejería de Salud, en el marco de la acción política fijada por el Consejo de Gobierno, ejercerá las funciones de ejecución de las directrices y los criterios generales de la política de salud y consumo, planificación y asistencia sanitaria, asignación de recursos a los diferentes programas y demarcaciones territoriales, alta dirección, inspección y evaluación de las actividades, centros y servicios sanitarios y aquellas otras competencias que le estén atribuidas por la legislación vigente.

Corresponde a la persona titular de la Consejería de Salud, además de las atribuciones asignadas en el artículo 26 de la Ley 9/2007, de 22 de octubre, de la Administración de la Junta de Andalucía, las competencias establecidas en el artículo 62 de la Ley 2/1998, de 15 de junio que serían las siguientes:

- La ejecución de los criterios, directrices y prioridades de la política de protección de la salud y de asistencia sanitaria, fijados por el Consejo de Gobierno.

- Garantizar la ejecución de actuaciones y programas en materia de promoción y protección de la salud, prevención de la enfermedad, asistencia sanitaria y rehabilitación.

- La planificación general sanitaria y la organización territorial de los recursos, teniendo en cuenta las características socioeconómicas y sanitarias de las poblaciones de Andalucía.

- La elaboración del Plan Andaluz de Salud proponiendo su aprobación al Consejo de Gobierno.

- La delimitación de las demarcaciones territoriales y el establecimiento de las estructuras funcionales de sus competencias, tal como se establece en los Capítulos II y III del Título VII de la presente Ley.

- La adopción de medidas preventivas de protección de la salud cuando exista o se sospeche razonablemente la existencia de un riesgo inminente y extraordinario para la salud.

- El otorgamiento de las autorizaciones administrativas de carácter sanitario y el mantenimiento de los registros establecidos por las disposiciones legales vigentes de cualquier tipo de instalaciones, establecimientos, actividades, servicios o artículos directa o indirectamente relacionados con el uso y el consumo humano.

- El ejercicio de las competencias sancionadoras y de intervención pública para la protección de la salud, establecidos en la presente Ley.

- El establecimiento de normas y criterios de actuación en cuanto a la acreditación de centros y servicios.

- La autorización de instalación, modificación, traslado y cierre de los centros, servicios y establecimientos sanitarios y sociosanitarios, si procede, y el cuidado de su registro, catalogación y acreditación, en su caso.

- La supervisión, control, inspección y evaluación de los servicios, centros y establecimientos sanitarios.

- La coordinación general de las prestaciones, incluida la prestación farmacéutica, así como la supervisión, inspección y evaluación de las mismas.

- El desarrollo y el control de la política de ordenación farmacéutica en Andalucía.

- La coordinación y ejecución de la política de convenios y conciertos con entidades públicas y privadas para la prestación de servicios sanitarios, así como la gestión de aquellos que reglamentariamente se determinen.

- La aprobación de los precios por la prestación de servicios y de tarifas para la concertación de servicios, así como su modificación y revisión, sin perjuicio de la autonomía de gestión de los centros sanitarios.

- La gestión del sistema de información y análisis de las distintas situaciones, que, por repercutir sobre la salud, puedan provocar acciones de intervención de la autoridad sanitaria.

- El establecimiento de directrices generales y criterios de actuación, así como la coordinación de los aspectos generales de la ordenación profesional, de la docencia e investigación sanitarias en Andalucía, en el marco de sus propias competencias.

- La aprobación del anteproyecto de presupuesto del Servicio Andaluz de Salud.

- La óptima distribución de los medios económicos afectos a la financiación de los servicios y prestaciones que configuran el Sistema Sanitario Público y de cobertura pública.

- La coordinación de todo el dispositivo sanitario público y de cobertura pública y la mejor utilización de los recursos disponibles.

- Y todas las demás que le sean atribuidas por las disposiciones legales y reglamentarias vigentes.

8.1.3. ¿Cuáles son las actuaciones de la Administración Sanitaria Pública de Andalucía?

- En la **Ley 2/1998, de 15 de junio, de Salud de Andalucía**, en su CAPÍTULO II. SALUD LABORAL, concretamente en sus artículos 16 y 17 contempla lo siguiente:

Artículo 16.

La Administración Sanitaria Pública de Andalucía promoverá actuaciones en materia sanitaria referentes a la salud laboral en el marco de lo dispuesto en la <u>Ley 14/1986, de 25 de abril, General de Sanidad</u>, y en la <u>Ley 31/1995, de 8 de noviembre, de Prevención de Riesgos Laborales</u>.

Artículo 17.

De acuerdo con lo dispuesto en el artículo anterior, corresponderá en particular a la Administración Sanitaria Pública de Andalucía:

1. El establecimiento de los medios adecuados para la evaluación y control de las actuaciones de carácter sanitario que se realicen en las empresas por los servicios de prevención actuantes. Para ello, establecerán las pautas y protocolos de

actuación, oídas las sociedades científicas, a los que deberán someterse los citados servicios.

2. La implantación de sistemas de información adecuados, que permitan la elaboración, junto con las autoridades laborales competentes, de mapas de riesgos laborales, así como la realización de estudios epidemiológicos para la identificación y prevención de las patologías que puedan afectar a la salud de los trabajadores, así como hacer posible un rápido intercambio de información.

3. La supervisión de la formación que, en materia de prevención y promoción de la salud laboral, deba recibir el personal sanitario actuante en los servicios de prevención autorizados.

4. La elaboración y divulgación de estudios, investigaciones y estadísticas relacionados con la salud de los trabajadores.

Atendiendo al artículo 16, correspondiente a la Ley 2/1998, de 15 de junio, de Salud de Andalucía, que desarrollamos anteriormente la Administración Sanitaria Pública de Andalucía impulsara actuaciones en materia sanitaria referentes a la salud laboral atendiendo a lo dispuesto en la Ley 14/1986, de 25 de abril, General de Sanidad, y en la Ley 31/1995, de 8 de noviembre, de Prevención de Riesgos Laborales, que desarrollamos a continuación:

- Con respecto a la **Ley General de Sanidad**, en su capítulo IV correspondiente a "de la salud laboral", concretamente en los artículos siguientes:

Artículo 21.

1. La actuación sanitaria en el ámbito de la salud laboral, que integrará en todo caso la perspectiva de género, comprenderá los siguientes aspectos:

a. Promover con carácter general la salud integral del trabajador.

b. Actuar en los aspectos sanitarios de la prevención de los riesgos profesionales.

c. Asimismo se vigilarán las condiciones de trabajo y ambientales que puedan resultar nocivas o insalubres durante los períodos de embarazo y lactancia de la mujer trabajadora, acomodando su actividad laboral, si fuese necesario, a un trabajo compatible durante los períodos referidos.

d. Determinar y prevenir los factores de microclima laboral en cuanto puedan ser causantes de efectos nocivos para la salud de los trabajadores.

e. Vigilar la salud de los trabajadores para detectar precozmente e individualizar los factores de riesgo y deterioro que puedan afectar a la salud de los mismos.

f. Elaborar junto con las autoridades laborales competentes un mapa de riesgos laborales para la salud de los trabajadores. A estos efectos, las empresas tienen obligación de comunicar a las autoridades sanitarias pertinentes las sustancias utilizadas en el ciclo productivo. Asimismo, se establece un sistema de información sanitaria que permita el control epidemiológico y el registro de morbilidad y mortalidad por patología profesional.

g. Promover la información, formación y participación de los trabajadores y empresarios en cuanto a los planes, programas y actuaciones sanitarias en el campo de la salud laboral.

2. Las acciones enumeradas en el apartado anterior se desarrollarán desde las áreas de salud a que alude el Capítulo III del Título III de la presente Ley.

3. El ejercicio de las competencias enumeradas en este artículo se llevará a cabo bajo la dirección de las autoridades sanitarias, que

actuarán en estrecha coordinación con las autoridades laborales y con los órganos de participación, inspección y control de las condiciones de trabajo y seguridad e higiene en las empresas.

Artículo 22.

Los empresarios y trabajadores a través de sus organizaciones representativas participarán en la planificación, programación, organización y control de la gestión relacionada con la salud laboral, en los distintos niveles territoriales.

- Con relación a la **Ley 31/1995 de prevención de riesgos laborales,** de 8 de noviembre, se contempla en el Capítulo II titulado "Política en materia de prevención de riesgos para proteger la seguridad y la salud en el trabajo", concretamente en los artículos siguientes:

Artículo 10.

Las actuaciones de las Administraciones públicas competentes en materia sanitaria referentes a la salud laboral se llevarán a cabo a través de las acciones y en relación con los aspectos señalados en el capítulo IV del Título I de la Ley 14/1986, de 25 de abril, General de Sanidad, y disposiciones dictadas para su desarrollo.

En particular, corresponderá a las Administraciones públicas citadas:

a. El establecimiento de medios adecuados para la evaluación y control de las actuaciones de carácter sanitario que se realicen en las empresas por los servicios de prevención actuantes. Para ello, establecerán las pautas y protocolos de actuación, oídas las sociedades científicas, a los que deberán someterse los citados servicios.

b. La implantación de sistemas de información adecuados que permitan la elaboración, junto con las autoridades laborales competentes, de mapas de riesgos laborales, así como la realización de estudios epidemiológicos para la identificación y prevención de las patologías que puedan afectar a la salud de los trabajadores, así como hacer posible un rápido intercambio de información.

c. La supervisión de la formación que, en materia de prevención y promoción de la salud laboral, deba recibir el personal sanitario actuante en los servicios de prevención autorizados.

d. La elaboración y divulgación de estudios, investigaciones y estadísticas relacionados con la salud de los trabajadores.

8.2 Consejería de Empleo. Estructura funciones y competencias en prevención de riesgos laborales.

8.2.1. ¿Cómo se organiza?

Ficha:

Consejería de Empleo.

Dirección: Avenida de Hytasa, 14. Sevilla 41006

Teléfono: 902501550

Página web http://www.cem.juntaandalucia.es/empleo/

8.2.2. ¿Con que competencias cuenta?

La Consejería de Empleo, bajo la superior dirección de la persona titular de la misma, se estructura para el ejercicio de sus competencias en los siguientes órganos directivos centrales:

- Viceconsejería.

- Secretaría General Técnica.

- Dirección General de Trabajo.

- Dirección General de Seguridad y Salud Laboral.

- Dirección General de Coordinación de Políticas Migratorias.

El Servicio Andaluz de Empleo, bajo la Presidencia de la persona titular de la Consejería, se estructura para el ejercicio de sus competencias en los siguientes órganos directivos centrales:

- Dirección-Gerencia.

- Dirección General de Calidad de los Servicios para el Empleo.

- Dirección General de Formación Profesional, Autónomos y Programas para el Empleo.

En cada provincia existirá un órgano directivo periférico, la Delegación Provincial de la Consejería de Empleo, cuya persona titular, además de cuantas competencias le vengan atribuidas, de acuerdo con los artículos 38 y 39 de la Ley 9/2007, de 22 de octubre, de Administración de la Junta de Andalucía, ostentará la representación ordinaria de la Consejería y del Servicio Andaluz de Empleo en su ámbito territorial.

Se adscriben a la Consejería de Empleo:

El **Instituto Andaluz de Prevención de Riesgos Laborales**, de conformidad con lo establecido en el artículo 2 de la Ley 10/2006, de 26 diciembre, del Instituto Andaluz de Prevención de Riesgos Laborales.

La Secretaría del Consejo de Dirección será ostentada por la persona titular de la Secretaría General Técnica de la Consejería.

Según el DECRETO 136/2010, de 13 de abril, por el que se aprueba la estructura orgánica de la Consejería de Empleo y del Servicio Andaluz de Empleo.

La Consejería de Empleo con relación a sus competencias en prevención de riesgos laborales serían las siguientes:

- Las relaciones laborales en sus vertientes individuales y colectivas, sin perjuicio de las competencias que corresponden a la Consejería de Hacienda y Administración Pública en relación con el personal al servicio de la Administración de la Junta de Andalucía; condiciones de trabajo; mediación, arbitraje y conciliación; programas de tiempo libre; y en general las competencias atribuidas a la Autoridad Laboral en el ámbito de la Comunidad Autónoma de Andalucía.

- La prevención de riesgos laborales y la seguridad y salud laboral, promoviendo la cultura preventiva y la realización de las acciones que, combatiendo la siniestralidad laboral, garanticen la salud de las personas trabajadoras.

- Las políticas favorecedoras de la igualdad de trato y de oportunidades en el ámbito laboral, promoviendo la mejora de la empleabilidad de las mujeres, su seguridad y salud laboral, así como la promoción de la igualdad en el marco de la negociación colectiva.

- Las competencias funcionales sobre la Inspección de Trabajo y Seguridad Social en materia laboral, asignadas a la Administración de la Junta de Andalucía.

8.2.3. Dirección General de Seguridad y Salud Laboral.

Ficha:

Dirección General de Seguridad y Salud Laboral
Dirección: Avenida de Hytasa, 14. Sevilla 41006
Página web: http://www.juntadeandalucia.es/empleo/www/
index_corporativa_seguridad_salud_laboral.php

A la Dirección General de Seguridad y Salud Laboral corresponden de forma global las competencias relativas a la seguridad y salud laboral de las personas trabajadoras, así como los mecanismos de inspección, prevención de los riesgos laborales y lucha contra la siniestralidad laboral. Y de forma especifica:

- La promoción de la cultura preventiva y la realización de las acciones que, combatiendo la siniestralidad laboral, garanticen la salud de las personas trabajadoras.

- La coordinación de los Centros de Prevención de Riesgos Laborales dependientes de la Consejería.

- Las facultades de dirección, control y tutela del Instituto Andaluz de Prevención de Riesgos Laborales, de acuerdo con lo establecido en el artículo 2 de la Ley 10/2006, de de diciembre, y en el Decreto 34/2008, de 5 de febrero, por el que se aprueban los Estatutos del Instituto Andaluz de Prevención de Riesgos Laborales.

- Las competencias sancionadoras por infracciones en materia de seguridad y salud laboral, sin perjuicio de las atribuidas a otros órganos por razón de su cuantía.

Capítulo 9- El Consejo Andaluz de Prevención de Riesgos Laborales: creación y funciones, composición, funcionamiento y disposiciones.

Autores:

Ana Padilla Fortes

Joaquín J. Gámez de la Hoz

9.1. ¿Qué es el Consejo Andaluz de Prevención de Riesgos Laborales?.

9.2. ¿Cómo se crea el Consejo Andaluz de Prevención de riesgos Laborales?.

9.3. ¿Cuáles son sus funciones?.

9.4. ¿Composición del Consejo?.

9.5. ¿Cómo se organiza?.

Capítulo 9- El Consejo Andaluz de Prevención de Riesgos Laborales: creación y funciones, composición, funcionamiento y disposiciones

Ficha:

Consejo Andaluz de Prevención de Riesgos

Dirección: Av. de Hytasa nº14 CP: 41080   Sevilla

Teléfono: 955.04.89.99

Página web http://www. juntadeandalucia.es/empleo

9.1. ¿Qué es el Consejo Andaluz de Prevención de Riesgos Laborales?

El **Consejo Andaluz de Prevención de Riesgos Laborales** es un órgano colegiado y tripartito de participación en materia de seguridad e higiene y salud de los trabajadores adscrito a la Consejería de Empleo, desde el que se orientan, impulsan y coordinan las actuaciones en materia de prevención de riesgos laborales que posibiliten la mejora de las condiciones de trabajo y disminuya la siniestralidad laboral en la Comunidad Autónoma Andaluza.

9.2. ¿Cómo se crea el Consejo Andaluz de Prevención de riesgos Laborales?

Se crea mediante el Decreto 277/1997, de 9 de diciembre, a partir del compromiso contraído en el Pacto por el Empleo y el Desarrollo Económico de Andalucía, desarrollando a su vez el artículo 12 de la Ley de Prevención de Riesgos Laborales, de forma que dentro del respeto a la autonomía de las organizaciones sindicales y empresariales más representativas, contribuye al establecimiento de cauces y procedimientos que garanticen y agilicen la cooperación en materia de seguridad e higiene y salud de los trabajadores.

Concretamente según establece el artículo 1 del decreto se crea como órgano de participación en materia de seguridad e higiene y salud de los trabajadores.

9.3. ¿Cuáles son sus funciones?

Según el decreto en su artículo 3 el Consejo participará en la planificación, programación, organización y control de la gestión relacionado con la mejora de las condiciones de trabajo y la protección de la seguridad y la salud de los trabajadores.

Específicamente contará con las siguientes funciones:

- Informar las líneas de actuación de la Junta de Andalucía en materia de prevención de riesgos laborales y de mejora de las condiciones de trabajo.

- Proponer actuaciones concretas orientadas a la prevención de riesgos laborales y a la mejora de las condiciones de trabajo.

- Plantear estudios preventivos-laborales y planes integrales de actuación en sectores, actividades o subactividades concretas.

- Participar en el establecimiento de la planificación anual de actividades de los Centros de Seguridad e Higiene en el Trabajo.

- Conocer la Memoria correspondiente a las actividades desarrolladas en materia de prevención de riesgos laborales, e informar los presupuestos anuales de este Consejo.

- Coordinar las distintas acciones que desarrollan las partes firmantes del Pacto por el Empleo y el Desarrollo Económico de Andalucía, en esta materia.

- Asumir todas las competencias previstas para los órganos tripartitos y de participación institucional autonómicos, a que se refiere a la Disposición Adicional V de la Ley de Prevención de Riesgos Laborales.

- Las demás funciones que resulten propias de su condición de órgano participativo, y, en especial, el seguimiento de la gestión desarrollada en materia de prevención de riesgos laborales por la Consejería de Trabajo e Industria.

9.4. ¿Composición del Consejo?

El Consejo Andaluz de Prevención de Riesgos Laborales estará integrado por el Presidente y veinticuatro miembros agrupados de la siguiente forma.

Preside: Consejero de Empleo

8 Representantes de la Administración Pública Autonómica de Andalucía.

8 Representantes de las organizaciones sindicales más representativas.

8 Representantes de las organizaciones empresariales más representativas.

El **Presidente** del Consejo será el Consejero de Empleo.

Serán funciones del Presidente:

- Ostentar la representación legal del Consejo.
- Acordar la convocatoria de las sesiones ordinarias y extraordinarias del Pleno y la fijación del orden del día.
- Presidir las sesiones, moderar el desarrollo de los debates y suspenderlos por causas justificadas.
- Visar las actas y certificaciones de los Acuerdos del Pleno del Consejo.
- Ejercer cuantas otras funciones sean inherentes a su condición de Presidente del Consejo.
- En casos de vacante, ausencia, enfermedad u otra causa legal, el Presidente será sustituido en sus funciones por la persona que él mismo designe.
- **Ocho representantes de la Administración Pública Autonómica de Andalucía**:

  - Tres de la Consejería de Trabajo e Industria, uno de los cuales será el Director General de Trabajo y Seguridad Social.
  - Uno por cada una de las siguientes:
  - Consejerías: Consejería de Gobernación y Justicia,
  - Consejería de Salud,
  - Consejería de Obras Públicas y Transportes,
  - Consejería de Agricultura y Pesca
  - y Consejería de Medio Ambiente

  que deberán tener rango de Jefe de Servicio y serán propuestos por las distintas Consejerías y designados por el Consejero de Trabajo e Industria.

- **Ocho representantes de las organizaciones sindicales más representativas,** en proporción a su grado de implantación dentro del territorio andaluz, designados por los respectivos sindicatos.

- **Ocho representantes de las organizaciones empresariales más representativas de Andalucía,** designados por los órganos competentes de dichas organizaciones.

El tiempo de mandato de los miembros integrantes del Consejo será indefinido, sin perjuicio de su remoción por el grupo al que represente. Estando el Consejo asistido por un Secretario General.

El Secretario General del Consejo será un funcionario de la Administración de la Junta de Andalucía, con categoría, al menos, de Jefe de Sección, designado por el Consejero de Empleo. Del Secretario dependerán los servicios técnicos y administrativos necesarios para el funcionamiento del Consejo.

9.5. ¿Cómo se organiza?

El Consejo se organiza para su funcionamiento en:

- Pleno
- Comisión permanente, contando asimismo con Comisiones provinciales.

El Pleno

Estará formado por:

- el Presidente,
- el Secretario General,
- y sus veinticuatro miembros.

Ejerciendo la dirección de la gestión de cuantas funciones le son asignadas al Consejo mediante la elaboración de criterios y directrices de actuación y especialmente:

- Elaborará las normas de funcionamiento interno del Consejo.

- Aprobará la Memoria anual sobre la actuación del Consejo.

- Y Constituirá Comisiones de Trabajo, asignándoles cometidos específicos y estableciendo su composición y reglas de funcionamiento.

Se reunirá en:

- sesión ordinaria, al menos, una vez cada semestre.

- con carácter extraordinario

- a convocatoria de su Presidente, bien por iniciativa propia o a petición de cualquiera de los grupos de representación sindical y empresarial.

Para quedar válidamente constituido, deberá contar con la asistencia del Presidente o persona en quien delegue, del Secretario General y de, al menos, la mitad de los miembros. Las normas de funcionamiento interno del Consejo podrán prever una segunda convocatoria y especificar para ésta el número de miembros del Consejo necesario para que el Pleno quede válidamente constituido.

No podrá ser objeto de deliberación o acuerdo ningún asunto que no figure incluido en el orden del día, salvo que estén presentes todos los miembros del Pleno y sea declarada la urgencia del asunto por el voto favorable de la mayoría absoluta.

Los acuerdos se adoptarán por mayoría de votos presentes, dirimiendo el Presidente en caso de empate con su voto de calidad.

La Comisión Permanente

Estará integrada por:

- el Director General de Trabajo y Seguridad Social, o persona en quien delegue, que actuará de Presidente,
- el Secretario General
- y dos vocales por cada uno de los grupos representativos, designados a propuesta de sus respectivos grupos.

Funciones de la Comisión:

- Preparar las sesiones del Pleno.
- Supervisar y controlar la aplicación de los acuerdos del Pleno.
- Elevar al Pleno, para su aprobación, la Memoria anual del Consejo, junto al correspondiente informe, así como el anteproyecto de Presupuestos y las líneas generales de actuación para cada ejercicio.
- Apoyar e impulsar la actividad de las Comisiones de Trabajo que se constituyan por el Pleno, y coordinar el funcionamiento de las mismas.
- Proponer cuantas medidas estime necesarias para el mejor cumplimiento de los fines del Consejo.
- Acordar la creación de Comisiones de Trabajo.
- Cuantas otras funciones le sean encomendadas por el Pleno del Consejo.

Se reunirá:

- cada dos meses,
- y siempre que sea convocada por su Presidente, a iniciativa propia o a petición de alguna de las partes.

Las actas y certificaciones de la Comisión serán visadas por su presidente.

Comisiones Provinciales

En cada provincia existe una Comisión del Consejo Andaluz de Prevención de Riesgos Laborales, presidida por el Delegado Provincial de la Consejería de Empleo, compuesta por cuatro representantes designados por cada uno de los grupos (Junta de Andalucía, CEA, CCOO-A, UGT-A). En las Comisiones Provinciales actúa como Secretario, con voz pero sin voto, el Secretario General de la Delegación Provincial.

Capítulo 10. Estrategia Andaluza de Seguridad y Salud en el Trabajo.

Autores:

Ana Padilla Fortes

Joaquín J. Gámez de la Hoz

10.1. ¿Qué es la Estrategia?.

10.2. ¿Cuales son sus objetivos?.

10.3. ¿Quién realiza el seguimiento de la Estrategia?.

Capítulo 10- Estrategia Andaluza de Seguridad y Salud en el Trabajo.

En el ACUERDO de 9 de febrero de 2010, del Consejo de Gobierno, se aprueba la Estrategia Andaluza de Seguridad y Salud en el Trabajo 2010-2014.

La Consejería de Empleo será la responsable de coordinar las actuaciones de las distintas Consejerías para la consecución de los objetivos de la Estrategia Andaluza de Seguridad y Salud en el Trabajo, para el período 2010-2014, con la participación expresa de la Consejería de Salud en las materias de salud laboral en la prevención de riesgos

10.1. ¿Qué es la Estrategia?

La Estrategia Andaluza es el marco compartido entre los Interlocutores Económicos y Sociales y la Administración Andaluza de las políticas de seguridad y salud laboral en el período de su vigencia: 2010-2014.

10.2. ¿Cuales son sus objetivos?

Los objetivos principales de la Estrategia son la reducción sostenida y significativa de la siniestralidad laboral en Andalucía, y la mejora continua de las condiciones de trabajo. Esta mejora no comporta sólo la eliminación de los factores de riesgo, lo que la convertiría en un objetivo subordinado al primero, sino una auténtica promoción de la salud.

Para alcanzar estas dos metas finales, la Estrategia define nueve objetivos intermedios o específicos que serian: desarrollar la cultura de la prevención, mejorar el cumplimiento efectivo de la normativa de prevención de riesgos laborales, mejorar las situaciones preventivas de los territorios, actividades económicas, colectivos de trabajadores y riesgos de especial relevancia o interés, fortalecer el papel de los interlocutores sociales y la implicación de empresarios y trabajadores en la gestión de la prevención de riesgos laborales, mejorar la eficacia y calidad del sistema preventivo, con especial atención a las entidades especializadas en prevención, perfeccionar los sistemas de información e investigación, mejorar la formación en prevención de riesgos laborales, reforzar las instituciones dedicadas a la prevención de riesgos laborales, mejorar la prevención de las enfermedades profesionales, y noventa y una líneas de actuación, que constituyen propiamente la Estrategia.

Para establecer estos objetivos se ha tenido en cuenta, la experiencia derivada del diseño y ejecución del Plan General para la Prevención de los Riesgos Laborales en Andalucía 2003-2008, la Estrategia Europea de Seguridad y Salud en el Trabajo 2007-2012, la Estrategia Española 2007-2012 y, en particular, los compromisos que ésta comporta para la Comunidad Autónoma Andaluza, así como el diagnóstico específico de la situación de la prevención de riesgos laborales en Andalucía, para el que ha resultado de particular interés la I Encuesta Andaluza de Condiciones de Trabajo.

También se ha considerado la perspectiva de género en la definición de la Estrategia y se considerará, con especial atención, en la elaboración de los Planes de Actuación que han de desarrollarla.

10.3. ¿Quién realiza el seguimiento de la Estrategia?

El Consejo Andaluz de Prevención de Riesgos Laborales, por medio de su Comisión Permanente, o el órgano en el que ésta delegue, será el encargado del seguimiento de esta Estrategia. A este fin, la Dirección General de Seguridad y Salud laboral presentará un informe con la información disponible y las propuestas de cambio a la mitad de la vigencia de cada plan bienal y otro a su conclusión, que, una vez aprobado, constituirá una fuente fundamental para la formulación del siguiente plan.

Capítulo 11- Instituto Andaluz de Prevención de Riesgos Laborales

Autores:

Ana Padilla Fortes

Joaquín J. Gámez de la Hoz

11.1. ¿Qué es el Instituto Andaluz de Prevención de Riesgos Laborales?.

11.2. ¿Cuáles son sus funciones?.

11.3. ¿Cuál es su estructura?.

Capítulo 11- Instituto Andaluz de Prevención de Riesgos Laborales

Ficha:

El Instituto Andaluz de Prevención de Riesgos Laborales

Dirección: Av de Hytasa nº14 CP: 41071 SEVILLA

Teléfono: 955.04.89.77

Página web: www.juntadeandalucia.es/empleo

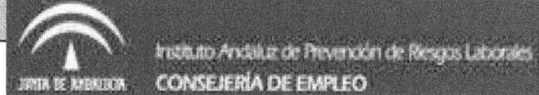

11.1. ¿Qué es el Instituto Andaluz de Prevención de Riesgos Laborales?

Es una Agencia administrativa de la Junta de Andalucía, con personalidad jurídica y patrimonio propios, independientes de la Junta de Andalucía. Para el cumplimiento de sus fines, queda adscrito a la consejería competente en materia de seguridad y salud laborales, y bajo la autoridad superior del titular de aquélla, dependerá de la dirección general competente en esta materia, que ejercerá sobre él las facultades de dirección, control y tutela que le atribuyen la normativa de la Comunidad Autónoma de Andalucía y el resto del ordenamiento jurídico.

11.2. ¿Cuáles son sus funciones?

El Instituto tiene como fines generales fomentar la cultura preventiva en Andalucía, el análisis y estudio de las condiciones de seguridad y salud laborales, así como la promoción y apoyo de la mejora de las mismas, con especial atención a las pequeñas y medianas empresas, a los trabajadores autónomos y a los sectores de mayor riesgo. A partir de estos fines tiene las siguientes funciones:

- El fomento de la cultura preventiva en el ámbito laboral en Andalucía, así como la difusión y enriquecimiento de la misma.

- El análisis y el estudio de las condiciones de trabajo relativas a la seguridad y salud laborales en Andalucía, sin perjuicio de las atribuidas a la Administración competente en materia de prevención de riesgos laborales.

- El análisis y el estudio de la siniestralidad laboral, con referencia a la accidentalidad y a las enfermedades profesionales.

- La realización de actividades de formación en materia de prevención de riesgos laborales, así como la implantación de programas de formación en sectores productivos, con especial atención a las pequeñas y medianas empresas y los colectivos en situación de mayor riesgo, así como a los trabajadores autónomos.

- La organización de campañas de difusión de la cultura de la prevención en el ámbito laboral entre empresas y personas trabajadoras.

- La creación de foros de encuentro de los agentes implicados en seguridad y salud laborales, para debates, propuestas y consultas.

- La realización de acciones de información y asesoramiento en materia de prevención de riesgos laborales en sectores productivos, con especial atención a las pequeñas y medianas empresas y los colectivos en situación de mayor riesgo, así como a los trabajadores autónomos.

■ El establecimiento de canales de estudio e investigación que sirvan de soporte a la política pública andaluza de seguridad y salud laborales.

■ El apoyo de iniciativas y programas de interés social en materia de seguridad y salud laborales.

■ El seguimiento de la incidencia de las enfermedades profesionales en Andalucía.

■ La divulgación de recomendaciones de carácter técnico.

■ La formación de nuevos empresarios.

■ Cualquiera otra que, por su naturaleza o finalidad, pudiera o debiera ser asumida por el mismo.

■ Las restantes que puedan serle atribuidas por la normativa aplicable.

11.3. ¿Cuál es su estructura?

El Instituto Andaluz de Prevención de Riesgos Labora tendrá los siguientes órganos:

■ Órganos de Gobierno.

a) La Presidencia.

b) El Consejo General.

c) La Dirección-Gerencia.

- Órgano de Asesoramiento y Formación:
la Unidad de Prevención de Riesgos Laborales.

Noticia
07/07/2011

La Prevención de Riesgos Laborales en el sector de los Residuos Sólidos Urbanos

Proyecto de investigación realizado por el Instituto Andaluz de Prevención de Riesgos Laborales

El Instituto Andaluz de Prevención de Riesgos Laborales, perteneciente a la Consejería de Empleo, ha realizado un Proyecto de Investigación consistente en analizar las Condiciones de Trabajo y la Gestión Preventiva en las empresas gestoras de Residuos Sólidos Urbanos de origen domiciliario en Andalucía. Para ello, ha recopilado las mejores prácticas disponibles y ha llevado a cabo una encuesta entre los trabajadores. Dicho proyecto será una fuente de información relevante que servirá de base para planificar e implementar políticas de actuación en materia preventiva en el sector, al tiempo que contribuirá a la difusión de información entre los principales agentes que operan en este ámbito sectorial, así como la hará llegar a la ciudadanía en general.

Esta acción se enmarca en las actuaciones recogidas dentro del primer Plan Bienal que desarrolla la Estrategia Andaluza de Seguridad y Salud laboral 2010- 2014, junto con los agentes sociales y económicos. En concreto, esta jornada pretende presentar los resultados del estudio a la vez que constituir un foro en el que responsables empresariales y Delegados de Prevención del sector abundaran sobre los nuevos retos para el mismo en el ámbito de la prevención de riesgos laborales.

La investigación realizada pretende dar a conocer realidad laboral y preventiva del sector, así como las mejores prácticas disponibles en la gestión de la seguridad y salud laboral

Órganos de Gobierno

La Presidencia

Corresponderá a la persona titular de la consejería competente en materia de seguridad y salud laboral, y tendrá las siguientes funciones:

- Ostentar la representación legal del organismo.

- Convocar, fijar su orden del día, presidir y moderar las sesiones del Consejo General.

- Suscribir los contratos, convenios y resoluciones referidas a asuntos propios del organismo, pudiendo delegar aquellas funciones o competencias que considere necesarias.

- Velar por el cumplimiento de los acuerdos de los órganos del Instituto Andaluz de Prevención de Riesgos Laborales.

El Consejo General.

Es el órgano superior del Instituto Andaluz de Prevención de Riesgos Laborales, que ejerce su alta dirección, gobierna el organismo y establece sus directrices de actuación, y contará con la participación de los agentes económicos y sociales más representativos de Andalucía.

Estará formado por:

- la Presidencia, cuyo titular será quien lo sea de la Presidencia del Instituto Andaluz de Prevención de Riesgos Laborales,

- la Vicepresidencia

- y dieciséis vocales nombrados por la Presidencia del organismo.

Podrá funcionar en Comisión Permanente, pudiéndose constituir también Comisiones de Trabajo. El funcionamiento de estos órganos, así como la composición de la Comisión Permanente y de las Comisiones de Trabajo, se determinarán reglamentariamente.

La Vicepresidencia del Consejo General será ostentada por la persona titular de la dirección general competente en materia de seguridad y salud laborales.

Serán vocales del Consejo General:

a) **Ocho vocales en representación de la Administración de la Junta de Andalucía**, designados por la consejería competente en materia de seguridad y salud laboral, uno de los cuales será el Director o la Directora Gerente del Instituto.

b) **Cuatro vocales propuestos por las organizaciones empresariales de carácter intersectorial más representativas en Andalucía**, de acuerdo con lo establecido en la disposición adicional sexta del Texto Refundido de la Ley del Estatuto de los Trabajadores, aprobado por Real Decreto Legislativo 1/1995, de 24 de marzo.

c) **Cuatro vocales propuestos por las organizaciones sindicales más representativas en Andalucía**, de acuerdo con lo establecido en el artículo 7.1 de la Ley Orgánica 11/1985, de 2 de agosto, de Libertad Sindical.

El Consejo General será asistido por una Secretaría. La persona titular de esta Secretaría será nombrada por el Presidente o Presidenta del Consejo General. El titular de la Secretaría asistirá a las reuniones del Consejo General con voz pero sin voto.

Va a corresponder al Consejo General:

a) Aprobar los criterios de actuación del Instituto Andaluz de Prevención de Riesgos Laborales.

b) Aprobar los planes y programas de actuación a propuesta de la Dirección Gerencia.

c) Aprobar el borrador de anteproyecto del presupuesto del Instituto Andaluz de Prevención de Riesgos Laborales.

d) Aprobar la memoria anual y las cuentas anuales.

e) El seguimiento y la valoración de las actividades realizadas en las materias específicas del Instituto Andaluz de Prevención de Riesgos Laborales.

f) Proponer la elaboración de estudios específicos en ámbitos sectoriales.

g) Proponer cuantas medidas considere necesarias para el mejor cumplimiento de los fines del Instituto Andaluz de Prevención de Riesgos Laborales.

h) Aprobar las propuestas de la Unidad de Prevención de Riesgos Laborales.

i) Cualesquiera otras competencias que le sean atribuidas por la normativa aplicable.

La Dirección-Gerencia.

Ejerce la dirección, coordinación y control de las actividades del Instituto Andaluz de Prevención de Riesgos Laborales.

La designación y cese del Director o de la Directora Gerente se efectuará por acuerdo del Consejo de Gobierno, a propuesta de la consejería competente en materia de seguridad y salud laborales, previa consulta al Consejo General.

Corresponderá a la Dirección-Gerencia:

a) Ejecutar y hacer ejecutar los acuerdos del Consejo General.

b) Elevar al Consejo General, para su aprobación, las propuestas de planes y programas de actuación.

c) Ejercer la jefatura superior del personal adscrito al Instituto Andaluz de Prevención de Riesgos Laborales, en los términos establecidos en la legislación vigente y de acuerdo con lo que reglamentariamente se determine.

d) Autorizar los gastos, efectuar las disposiciones de gastos, contraer obligaciones y ordenar pagos, dentro de los límites fijados por la normativa vigente en materia presupuestaria.

e) Todas aquellas otras competencias que le atribuyan los Estatutos y la normativa vigente, así como las que le sean delegadas.

Órgano de Asesoramiento y Formación

La **Unidad de Prevención de Riesgos Laborales**.

Es el órgano de asesoramiento y formación del Instituto Andaluz de Prevención de Riesgos Laborales, para proponer la planificación y realización de actividades de información, formación y asesoramiento en materia de prevención de riesgos laborales en los diversos sectores productivos que así lo acuerden.

Estará formada por seis vocales, nombrados por el Presidente o Presidenta del Instituto Andaluz de Prevención de Riesgos Laborales, según lo siguiente:

a) **Dos vocales en representación de la Administración de la Junta de Andalucía**, designados por la consejería competente en materia de seguridad y salud laborales.

b) **Dos vocales propuestos por las organizaciones empresariales** de carácter intersectorial más representativas en Andalucía, de acuerdo con lo establecido en la disposición adicional sexta del Texto Refundido de la Ley del Estatuto de los Trabajadores, aprobado por Real Decreto Legislativo 1/1995, de 24 de marzo.

c) **Dos vocales propuestos por las organizaciones sindicales** más representativas en Andalucía, de acuerdo con lo establecido en el artículo 7.1 de la Ley Orgánica 11/1985, de 2 de agosto, de Libertad Sindical.

La composición responderá a criterios de participación paritaria de hombres y mujeres. Ambos sexos deberán estar representados en, al menos, un cuarenta por cien de los miembros en cada caso designados.

IMPORTANTE

EL INSTITUTO ANDALUZ DE PREVENCIÓN DE RIESGOS LABORALES **PODRÁ PRESTAR COLABORACIÓN** EN MATERIAS PROPIAS DE SU COMPETENCIA:

- a la Inspección de Trabajo y Seguridad Social,

- al Instituto Nacional de Seguridad e Higiene en el Trabajo,

- a los centros de prevención de riesgos laborales dependientes de la consejería competente en materia de empleo,

- a las restantes consejerías, en especial a la consejería competente en materia de salud,

- y a los organismos de la Administración de la Junta de Andalucía, a los sindicatos,

- y a las organizaciones empresariales,

- y a los institutos y órganos técnicos competentes en materia de prevención de riesgos laborales dependientes de otras Comunidades Autónomas,

- así como a cualesquiera otras entidades públicas o privadas.

BIBLIOGRAFÍA GENERAL

- Benavides, Fernando G.; Ruiz Frutos, Carlos; García, Ana M.. Salud Laboral. Conceptos y técnicas para la prevención de riesgos laborales. Barcelona, Masson, 2003.

- Cortés Díaz, José María. Técnicas de prevención de riesgos laborales. Seguridad e Higiene en el trabajo. Madrid, Tébar, 2000.

- Díez Maté, Carlos R y otros. Curso de capacitación para el desempeño de funciones de nivel básico. Madrid, Ministerio de Trabajo y Asuntos Sociales, 1997.

- Fernández Marcos, Leodegario; Gómez-Cano Hernández, Manuel y otros. Guía práctica de prevención de riesgos laborales. Madrid, Ediciones Cinca, 2004.

- Garzás Cejudo, Eva Mª; García Gómez-Caraballo. Organización, gestión y prevención de riesgos laborales en el medio sanitario. Jaén, Formación Alcalá, 2003.

- Constitución Española de 27.12.1978 (Jef. Est., BOE 29.12.1978). Destacar: art. 40.2. La constitución española 1978.

- Ley 31/1995, de 8 de noviembre, de Prevención de Riesgos Laborales. (BOE núm. 269, de 10 de noviembre de 1995)

BIBLIOGRAFÍA POR CAPÍTULOS

Capítulo 1- Organismos de las Naciones Unidas.

- Página web: http://www.who.int/es/

Capítulo 2- Organismos e Instituciones Internacionales con competencias en materia de Prevención de Riesgos Laborales.

- Constitución de la O.I.T. y textos seleccionados. Ginebra, Oficina Internacional del Trabajo, 2010.

- Página web:http://www.ilo.org/public/spanish/index.htm

- Página web:
http://new.paho.org/hq/index.php?option=com_frontpage &Itemid=1

Capítulo 3- Organismos e Instituciones Europeas con competencias en materia de Prevención de Riesgos Laborales.

- Agencia Europea para la Seguridad y Salud en el Trabajo. Outlook 1 Riesgos nuevos y emergentes para la seguridad y la salud en el trabajo. Luxemburgo, Oficina de Publicaciones Oficiales de la Comunidad Europea, 2009.

- Reglamento (CEE) n° 1365/75 del Consejo, de 26 de mayo de 1975, relativo a la creación de una Fundación Europea para la Mejora de las Condiciones de Vida y de Trabajo y modificaciones.

- Reglamento (CE) n° 2062/94 del Consejo, de 18 de julio de 1994, por el que se crea la Agencia Europea para la Seguridad y la Salud en el Trabajo y sus modificaciones.

- Página web:http://www.eurofound.eu.int/

- Página web: http://osha.europa.eu/es/front-page/view

- Página web: http://osha.europa.eu/es/riskobservatory/index_html

Capítulo 4- Estrategia comunitaria de seguridad y salud en el trabajo.

- Comunicación de la Comisión al Parlamento Europeo, al Consejo, al Comité Económico y Social Europeo y al Comité de las Regiones, de 21 de febrero de 2007, «Mejorar la calidad y la productividad en el trabajo: estrategia comunitaria de salud y seguridad en el trabajo (2007-2012)» [COM (2007) 62 final -

Capítulo 5- Ley de Prevención de Riesgos Laborales

- Ley 31/1995, de 8 de noviembre, de Prevención de Riesgos Laborales. (BOE núm. 269, de 10 de noviembre de 1995) y sus modificaciones.

Capítulo 6- Organismos e Instituciones Nacionales con competencias en materia de Prevención de Riesgos Laborales

- Estrategia Española de Seguridad y Salud en el Trabajo 2007-2012. Plan de acción para el impulso y ejecución de la estrategia española de seguridad y salud en el trabajo. Madrid, Ministerio de Trabajo e Inmigración, 2009.

- Ley 14/1986, de 25 de abril, General de Sanidad, (BOE núm. 102, de 29 de abril de 1986) modificada y desarrollada por diversas disposiciones.

- La composición de la Comisión Nacional de Seguridad y Salud en el Trabajo (CNSST) Ley 31/1995 de 8 de noviembre de prevención de riesgos laborales en su artículo 13 desarrollado en el RD 1879/1996, de 2 de agosto, modificado por RD 309/2001 de 23 de marzo, RD 1595/2004, de 2 de julio y RD 1470/2008, de 5 de septiembre. RD 1429/2009 de 11 de septiembre, RD 1714/2010 de 17 de diciembre.

- Real Decreto 263/2011, de 28 de febrero, por el que se desarrolla la estructura orgánica básica del Ministerio de Sanidad, Política Social e Igualdad. (BOE núm. 51, de 1 de marzo de2011)

- Acuerdo por el que se aprueba la Estrategia española de seguridad y salud en el trabajo, 2007-2012. Consejo de Ministros 29 de junio de 2007

- Página web: http://www.insht.es/portal/site/Insht

- Página web: http://www.insht.es/

- Página web:
http://www.funprl.es/Aplicaciones/Portal/portal/Aspx/Home.aspx

- Página web: http://www.msps.es.

Capítulo 7- La Inspección de Trabajo y la Seguridad Social en materia de prevención de riesgos laborales.

- Ley 42/1997, de 14 de noviembre, de Ordenación de la Inspección de Trabajo y Seguridad Social, (BOE núm 274, de 15 de noviembre de 1997) y sus modificaciones.

- Real Decreto 138/2000, de 4 de febrero, por el que se aprueba el Reglamento de Organización y Funcionamiento de la Inspección de Trabajo y Seguridad Social . Modificado por el Real Decreto 689/2005, de 10 de junio, Real Decreto 107/2010, de 5 de febrero.

- Real Decreto Legislativo 5/2000, de 4 de agosto, por el que se aprueba el texto refundido de la Ley sobre Infracciones y Sanciones en el Orden Social y sus modificaciones.

- Página web: http://www.mtin.es/itss/web/index.html.

Capítulo 8- Organismos Autonómicos con competencias en materia de Prevención de Riesgos Laborales en Andalucía.

- Ley 8/1986, de 6 de mayo, del Servicio Andaluz de Salud. (BOJA núm. 41, de 10 de mayo. BOE núm. 124, de 24 de mayo).

- Ley 2/1998, de 15 de junio, de Salud de Andalucía. (BOJA núm 74 de 4 de julio de 1998)

- Ley 9/2007, de 22 de octubre, de la Administración de la Junta de Andalucía (BOJA núm 215, de 31 de octubre de 1997).

- Decreto 171/2009, de 19 de mayo, por el que se establece la estructura orgánica de la Consejería de Salud y del Servicio Andaluz de Salud (BOJA núm 95, de 20 de mayo de 2009)

- Decreto 136/2010, de 13 de abril, por el que se aprueba la estructura orgánica de la Consejería de Empleo y del Servicio Andaluz de

Empleo. (BOJA núm 71, de 14 de abril de 2010).y sus modificaciones.

- Decreto 216/2011, de 28 de junio, de adecuación de diversos organismos autónomos a las previsiones de la Ley 9/2007, de 22 de octubre, de la Administración de la Junta de Andalucía. (BOJA núm 127, de 31 de junio de 2011).

-Página web:

http://www.juntadeandalucia.es/salud/sites/csalud/portal/index.jsp?idioma=es

- Página web:

http://www.cem.junta-andalucia.es/empleo/www/index_tematicas.php

- Página web:

http://www.juntadeandalucia.es/empleo/www/index_corporativa_seguridad_salud_laboral.php

Capítulo 9- El Consejo Andaluz de Prevención de Riesgos Laborales: creación y funciones, composición, funcionamiento y disposiciones

- Decreto 277/1997, de 9 de diciembre, por el que se crea el Consejo Andaluz de Prevención . (BOJA núm 149, de 27de diciembre de 1997)
- Página web http://www. juntadeandalucia.es/empleo

Capítulo 10- Estrategia andaluza de seguridad y salud en el trabajo

- ACUERDO de 9 de febrero de 2010, del Consejo de Gobierno, por el que se aprueba la Estrategia Andaluza de Seguridad y Salud en el Trabajo 2010-2014. Organismo emisor: Consejería de Empleo Boletín

Oficial de la Junta de Andalucía (BOJA) Número y Página Boletín: Boletín número 38 de 24/02/2010 | págs. 15-21

Capítulo 11- Instituto Andaluz de Prevención de Riesgos Laborales

- Ley 10/2006, de 26 de diciembre, del Instituto Andaluz de Prevención de Riesgos Laborales. (BOJA núm 251, de 30 de diciembre de 2006)

- Decreto 34/2008, de 5 de febrero, por el que se aprueban los Estatutos del Instituto Andaluz de Prevención de Riesgos Laborales. (BOJA núm 36, de 20 de febrero de 2008)

- Página web:

www.juntadeandalucia.es/empleo

www.ingramcontent.com/pod-product-compliance
Lightning Source LLC
Chambersburg PA
CBHW051527170526
45165CB00002B/638